「通古察今」系列丛书

武家璧 著

商周历象与年代

河南人民出版社

图书在版编目（CIP）数据

商周历象与年代 / 武家璧著 . — 郑州 ：河南人民
出版社，2019. 12（2025. 3 重印）
（"通古察今"系列丛书）
ISBN 978-7-215-12154-6

Ⅰ．①商… Ⅱ．①武… Ⅲ．①古历法-研究-
中国-商周时代 Ⅳ．①P194. 3

中国版本图书馆 CIP 数据核字（2019）第 273303 号

河南人民出版社 出版发行

（地址：郑州市郑东新区祥盛街 27 号 邮政编码：450016 电话：0371-65788075）

新华书店经销　　　　　　环球东方（北京）印务有限公司印刷

开本　787mm×1092mm　　　1/32　　　印张　8.125

字数　117 千

2019 年 12 月第 1 版　　　　2025 年 3 月第 2 次印刷

定价：58.00 元

"通古察今"系列丛书编辑委员会

序　言

在北京师范大学的百余年发展历程中，历史学科始终占有重要地位。经过几代人的不懈努力，今天的北京师范大学历史学院业已成为史学研究的重要基地，是国家首批博士学位一级学科授予权单位，拥有国家重点学科、博士后流动站、教育部人文社会科学重点研究基地等一系列学术平台，综合实力居全国高校历史学科前列。目前被列入国家一流大学一流学科建设行列，正在向世界一流学科迈进。在教学方面，历史学院的课程改革、教材编纂、教书育人，都取得了显著的成绩，曾荣获国家教学改革成果一等奖。在科学研究方面，同样取得了令人瞩目的成就，在出版了由白寿彝教授任总主编、被学术界誉为"20世纪中国史学的压轴之作"的多卷本《中国通史》后，一批底蕴深厚、质量高超的学术论著相继问世，如八卷本《中国文化发展史》、二十卷本"中国古代社会和政治研究丛书"、三卷本《清代理学史》、五卷本《历史文化认同与中国统一多民族国家》、二十三卷本《陈垣全集》，以及《历史视野下的中华民族精神》《中西古代历史、史学与理论比较研究》《上博简〈诗论〉研究》等，这些著作皆声誉卓著，在学界产生较大影响，得到同行普遍好评。

除上述著作外，历史学院的教师们潜心学术，以探索精神攻关，又陆续取得了众多具有原创性的成果，在历史学各分支学科的研究上连创佳绩，始终处在学科前沿。为了集中展示历史学院的这些探索性成果，我们组织编写了这套"通古察今"系列丛书。丛书所收著作多以问题为导向，集中解决古今中外历史上值得关注的重要学术问题，篇幅虽小，然问题意识明显，学术视野尤为开阔。希冀它的出版，在促进北京师范大学历史学科更好发展的同时，为学术界乃至全社会贡献一批真正立得住的学术佳作。

当然，作为探索性的系列丛书，不成熟乃至疏漏之处在所难免，还望学界同人不吝赐教。

北京师范大学历史学院

北京师范大学史学理论与史学史研究中心

北京师范大学"通古察今"系列丛书编辑委员会

2019 年 1 月

目　录

1

前　言

　　20 世纪 90 年代中后期，国家启动了"夏商周断代工程"，天文历法在断代工程中发挥了重要作用。本书作者作为北京大学考古文博院招收的"夏商周断代工程"研究生，有幸参加了导师李伯谦先生主持的断代工程后期项目——新砦遗址的发掘工作，后来转入中国科学院自然科学史研究所，师从老所长陈美东先生攻读天文学史博士，后又入国家天文台，在中国天文学会会长赵刚先生名下从事古天文方向的博士后研究。本书集结的论文就是笔者在断代工程期间及其后完成的部分成果。

　　甲骨和金文断代是商周考古与历史研究的基础性工作，断代工程结合考古、历史、古文字、碳 14 测年、天文学等众多学科联合攻关，以期解决夏商周年代问题。笔者独立提出的"节气断代法",是"夏商周断代工程"没有发现和采用的新方法。例如殷墟发现的"观籍"卜辞,可能与《国语》记载的立春日举行"籍田礼"有关;卜辞记载的"奏丘日南"可与《周礼》"冬日至于地上之圜丘奏之"相印证;殷墟花园庄东地甲骨的"日出""至南"卜辞与《左传》记载的"日南至"为冬至相符合。于是我们得到一组武丁时期的立春和冬至干支,从而可以利用节气干支进行卜辞断代。又如西周初年的铜器铭文《保卣》记载的一次周王"遘于四方"的"大祀",可能是立春节气举行的郊祀;《天亡簋》记载的一次周王"祀于天室"的"大豊(礼)",可能是冬至节气举行的祭天大礼;等等。于是我们得到一组西周初期的节气干支,从而可以进行铜器的天象断代。

"节气断代法"比"朔日断代法"具有更高的可靠性,因为某个节气的干支在每年只有一个,它甚至不需要月份记录,就可以直接与现代科学历表计算的节气干支相比较,在一定范围内直接判断年代。而朔日干支在一年有十二个,必须与月份相联系,而月份次序受到历法建正和有无闰月的影响,具有不确定性,很难直接利用科学历表的月序判断年代。"节气断代法"为甲骨和铜器断代开辟了新的途径，为商周历史年表确立了若干绝对年代参考基点。

"朔日断代法"在简牍研究上具有一定优势，因为竹简记载有大量的日辰干支，极少有关于节气干支的相关记载，而朔日干支则可以从某些日辰干支中推导出来。战国楚墓竹简记载有大量的日辰干支，有的日干支几乎可以连续排满一整月，从中可以得出某月的朔日干支，因而可以进行"朔日断代"。我们关于葛陵楚简历日的考证以及对其纪年事件所作的历朔断年，就是一种尝试。但由于迄今还没有发现楚国历谱，我们对楚国历法的真实面貌还处在摸索和论证阶段，结论是否正确，有待将来的考古发现和研究工作予以证实。

从卜辞"观籍"看殷历的建正问题

　　建正问题是殷商历法研究中的重要问题，也是个老大难问题。中国古代记月法中有一套根据斗柄指向制定的月名，称为"斗建"，如周历、鲁历规定岁首冬至所在月为建子之月（简称子月），第二月为建丑之月（丑月），第三月为建寅之月（寅月），等等；颛顼历、夏历规定岁首立春所在月为建寅之月（寅月），第二月为建卯之月（卯月），第三月为建辰之月（辰月），等等。所谓"建正"问题，就是历法把岁首正月置于何种斗建月名之上的问题，其实质反映的是历月与自然季节之间的关系。文献典籍记载"夏正建寅""殷正建丑""周正建子"，董作宾先生通过改造传统殷历，搜集、排比甲骨文材料，于 1945 年完成其巨著《殷历谱》[1]，力图证明文献所载"殷正建丑"的正确性。80 年代以后，学者纷纷质疑"殷正建丑"而另创新说，如常正光提出殷正建巳[2]；温少峰、袁庭栋主张殷正建辰[3]；郑慧生论证殷正建未[4]；张培瑜、孟世凯认为殷代岁首没有严格固定，建申、建酉、建戌皆可[5]；王晖更创殷正建午说[6]；1998 年常玉芝出版专著《殷商历法研究》[7]，力排众议、申述"殷正建午"说，如此等等，不一而足。这些说法除"殷正建丑"有文献记载之外，其他建正都是根据甲骨卜辞中关于天象、气象、农事活动的记录所作出的推测，并无文献依据；这种做法违背了王国维先生首创而为学术界普遍遵循的"二重证据法"，即以地下出土文献与地上传世典籍互相印证的方法，

[1] 董作宾：《殷历谱》，《中央研究院历史语言研究所专刊》，1945 年。

[2] 常正光：《殷历考辨》，《古文字研究》第 6 辑，中华书局，1981 年。

[3] 温少峰、袁庭栋：《殷墟卜辞研究——科学技术篇》，四川省社会科学院出版社，1983 年，第 118 页。

[4] 郑慧生：《"殷正建未"说》，《史学月刊》1984 年第 1 期。

[5] 张培瑜、孟世凯：《商代历法的月名、季节和岁首》，《先秦史研究》，云南民族出版社，1987 年。

[6] 王晖：《殷历岁首新论》，《陕西师大学报》1994 年第 2 期。

[7] 常玉芝：《殷商历法研究》，吉林文史出版社，1998 年。

难免有主观臆测的成分，其所以出现各说各话、互相矛盾的情况是不足为奇的。我们认为应当把卜辞记录与文献记载结合起来，寻找解决问题的新线索。近来笔者缀合了两片关于商王"观籍"的卜辞，发现可与文献记载中的"籍田"礼互相印证。借助对于举行籍礼的天象条件的分析，我们认为殷代曾用"小正"，卜辞"观籍"合于寅正历。

一、甲骨缀合及其意义

殷墟卜辞中有商王"观籍"的记载，如：

己亥卜，贞：命 ꓘ 小籍臣……

己亥卜……观籍。 ——《甲骨文合集》第5603片[1]

己亥卜，贞：命小籍臣…… ——《甲骨文合集》第5604片[2]

己亥卜，贞：王往观籍…… ——《甲骨文

---

[1] 郭沫若主编:《甲骨文合集》第3册，中华书局，1978年，第811页。

[2] 郭沫若主编:《甲骨文合集》第3册，中华书局，1978年，第811页。

合集》第 9501 片 [1]

庚子卜，贞：王其观籍，唯往。十二月。

——《甲骨文合集》第 9500 片 [2]

笔者利用《甲骨文合集》提供的拓片，首次把第 9500 片（以下简称"《合》9500"）与第 5604 片（以下简称"《合》5604"）相缀合（如图 1）。

《合》9500

《合》5604

图 1

我们认为这一缀合是成功的，理由如下：

第一，把《合》9500 下端断裂口与《合》5604 上

---

[1] 郭沫若主编：《甲骨文合集》第 4 册，中华书局，1979 年，第 1370 页。

[2] 郭沫若主编：《甲骨文合集》第 4 册，中华书局，1979 年，第 1370 页。

端断裂口相拼合，二者十分合契；

第二，二者宽度一致，拼合后的两侧边线均成直线，使整体呈浑然一体的长条形；

第三，《合》9500下端与《合》5604上端的右侧边线密近处，都有一条较宽的裂痕，拼合后这一裂痕上下穿过断裂口自然对接；

第四，时代相合：《甲骨文合集》把这两片卜辞都分在甲骨分期第一期（武丁时期），笔者的缀合与这一权威结论没有矛盾；

第五，两者文字书体风格一致，如出一人之手；

第六，事类相属：《合》5604记商王任命"籍臣"，《合》9500记商王"观籍"，都与籍田有关（详见下文）；

第七，日期相连：《合》5604记己亥日卜命"籍臣"，《合》9500记庚子日卜往"观籍"，己亥是庚子前一日，先命"籍臣"后往"观籍"，于情于理无有不合。

以上七个方面的理由互相吻合，不大可能是偶然的巧合，只能说明《合》9500与《合》5604二者原本属于同一片卜甲。又，《合》5603、《合》9501与《合》5604所记疑为同一事件，然是否为同版并卜尚不能肯定。

上两片卜甲的缀合有十分重要的意义：首先，按《甲骨文合集》的分类，《合》5604 分属"官吏"类，《合》9500 属"农业"类，此一缀合使我们能够把这两片被认为是不同类别的卜辞连起来通读，大意为：在某年十二月的己亥日，商王卜问：是否可以任命一位名叫"关"的人担任"小籍臣"？第二天庚子日王又卜问：可以去"观籍"吗？回答说："唯往"（可以去）！其次，显而易见这位"小籍臣"是商王为了举行此次"观籍"活动而临时任命的司礼官员；同时也表明商王"观籍"并不是经常进行的活动，而只在某个特定的时节才举行，因此无常设官员，只需临时任命即可。最后，更为重要的是，由于标明了"观籍"所属的月份，我们可以利用这一记载来讨论卜辞用历的建正问题。

二、"观籍"与籍田礼

籍字𣞤𣞤像人执耒形，陈邦怀释"耒"；徐中舒、郭沫若释"耤"，谓是"籍"之本字[1]。《令鼎》云"王其

---

[1] 李孝定：《甲骨文字集释》第 4 卷"耤"字条，中央研究院历史语言研究所，1965 年，第 1550—1553 页。

大耤农于諆田"，郭沫若谓卜辞"'令矣耤臣''令矣小耤臣'者，犹《令鼎》之'耤农'也。矣乃人名。'□耤受年''王其观耤'，其为耕耤之义自明"。[1]郭说甚是。

为了弄清楚"观籍"的真正含义，遵照王国维先生创立的"二重证据法"，我们还应该到传世典籍中去寻找有关证据。诚然我们无法找到商代典籍的直接记载，但我们很幸运找到了时代比较靠近的周代典籍以及有关周朝籍田制度的重要记载，我们认为商王"观籍"类似于周天子举行的"籍田礼"。

《国语·周语上》：

> 宣王即位，不籍千亩。虢文公谏曰："不可。古者……农祥晨正，日月底于天庙，土乃脉发；先时九日，太史告稷曰：'自今至于初吉，阳气俱蒸，土膏其动……。'……及籍，后稷监之；膳夫、农正陈籍礼；太史赞王，王敬从之。王耕一坺，班三之，庶民终于千亩。

---

[1] 郭沫若：《甲骨文研究·释耤》，《郭沫若全集·考古编》第1卷，科学出版社，1982年。

三国吴韦昭注:

> 天子田籍千亩,诸侯百亩。……农正,田大夫也;主敷陈籍礼而祭其神,为农祈也。

《史记·周本纪》"宣王不修籍于千亩"《正义》引应劭云:

> 古者天子耕籍田千亩,为天下先。

《礼记·祭义》:

> 昔者天子为籍千亩,冕而朱纮……,躬执耒;诸侯为籍百亩,冕而青纮……,躬执耒。

周王举行籍田礼时必须由"后稷""农正"等管理农业生产的官员主持和参加,他们的身份大约与卜辞中的"小籍臣"相当。

关于"观"礼,《左传》僖公五年载:

> 五年春，王正月辛亥朔，日南至。公既视朔，
> 遂登观台以望，而书，礼也。凡分、至、启、闭，
> 必书云物，为备故也。

可见行"观"礼须与"视朔"及"分、至、启、闭"
八节相联系，卜辞中的"观籍"可能是观礼中的一种，
类似于周礼中的籍田礼；而籍田礼是与立春节气相联
系的。据《国语·周语》记载，"古者"举行籍田礼的
日期选在"农祥晨正，日月底于天庙"这一天象发生
的时节，韦昭注云：

> 农祥，房星也。晨正，谓立春之日，晨中于
> 午也。农事气候，故曰农祥也。底，至也。天庙，
> 营室也。孟春之月，日月皆在营室也。

房星旦中是立春前后的天象，日月皆在营室是合
朔前后的天象，说明籍田礼必须在靠近立春节气的某
个朔日前后举行。虢文公称这一习俗源自"古者"，不
排除包括商朝的可能性，至少与商朝十分接近；而周
朝两都地区与殷墟地理纬度十分靠近，季节变化几无

差别，因此将周朝籍田礼的条件适用于商王的"观籍"活动，应该说是允许的、适当的。

三、籍礼的两个天象条件

前文指明举行籍田礼必须具备立春及合朔两个相关条件，但似乎不能理解为立春、合朔同日发生，因为即使按照比较疏阔的古四分历数据，这种特定天象也要 19 年才发生一次，而籍田礼似乎没有这样严格的要求。如周宣王即位元年（前 827 年）立春月朔庚寅、7 日丙申立春[1]，气、朔相差 6 天，大臣虢文公仍主张行籍礼，因此应将"农祥晨正"（房星旦中）理解为"立春前后"为宜。

举行籍礼既有节气条件的限制，也有日期条件的限制——"日月底于天庙"。日、月同时处在天庙营室的时间是很短的，按古四分历，周天分为三百六十五又四分之一度，日每天行一度，月每天行十三又十九分之七度，二者相对位置每天离开十二又十九分之七

---

[1] 张培瑜：《三千五百年历日天象》，大象出版社，1997 年，第 525、900 页。

度，而天庙营室古距度为二十度，故日、月同在天庙的最大时间距离为：

$$20 \div 12\frac{7}{19} = 1.6（日）$$

不足两日；以日月合朔（实朔）为基点，当不至超出朔前或朔后一至二日之范围。设以寅正历为标准，如果"日月底于天庙"发生在朔日（历朔）或朔后，那么对应于正月朔、朏日，籍田礼当在正月举行；如果"日月底于天庙"发生在合朔（历朔）前，那么对应于十二月晦日及晦前一日，籍田礼当在十二月举行，后者与甲骨文所记十二月"观籍"亦相符合。

四、卜辞"观籍"普遍适合寅正历

中国古代历法属于阴阳合历，即用阳历年（回归年）与阴历月（朔望月）互相配合以使历法符合天象和自然季节的周期变化，不合的地方通过设置闰月来调节。反映季节变化的二十四节气具有太阳历的特征，又分为十二节气、十二中气，两个节气或两个中气之间的平均长度等于一个阳历月，因此节气在阳历月中的位置是比较固定的，而在阴历月中的位置就不可能固定了。按古四分历数据，两个中气之间的平均长度为 365.25 ÷ 12 = 30.4375 日，朔望月的长度为 29.5309 日，两者相差约一天，因此节气、中气在阴历月中的位置每月向后推迟一天，这样下去必然会出现中气落在月末、下月无中气、再下月之初始有中气的情况，则此时应将无中气之月设置为闰月，这种方法称为"无中置闰法"，如周历、鲁历用此法，以保证冬至恒在建子之月，即夏历的十一月。同样道理，也有将无节气之月，设置为闰月的，称为"无节置闰法"，如颛顼历用此法，以保证立春恒在建寅之月，即夏历的正月。卜辞中已有闰月的设置，但设在岁终称为"十三月"，即在一年内如发现有"无中气之月"或者"无节气之月"则在年终置十三月，然而究竟是"无节而闰"还是"无中而闰"则不得而知，我们须对两种情况分别加以考虑。下面我们首先来讨论无节而闰、立春建寅的情况。

按籍礼的天象条件，卜辞十二月观籍中的两个历日——己亥、庚子应在朔日前后，即只能在十二月初或十二月末。当己亥、庚子位于十二月初时，与之靠近的立春有在十一月或十二月两种可能；当己亥、庚子位于十二月末时，与之靠近的立春有在十二月、正月两种可能，以及出现闰月时立春发生在十三月的可能。依据"无节置闰"律，立春恒在建寅之月，我们按卜辞记载把庚子观籍固定在十二月，再根据不同的立春（寅月）位置则可得到其所对应的建正，包括两种庚子位置、四种立春月份在内，共分五种情况，如图2所示：

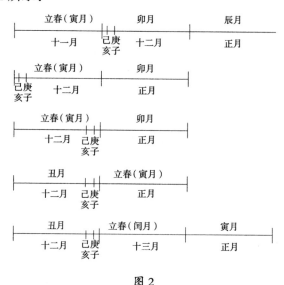

图 2

为便于观察，根据上述五种情况，再依四种立春位置，列出不同建正的斗建、月序关系如表1。

表1

建正	月序			
	十一月	十二月（观籍）	十三月（闰月）	正月
辰正	寅月（立春）	卯月		辰月
卯正	丑月	寅月（立春）		卯月
寅正	子月	丑月	（立春）	寅月
	子月	丑月		寅月（立春）

表1中的十三月立春、正月立春合于寅正，即同于颛顼历、夏历的建正；而十一月立春、十二月立春分别合于辰正、卯正，后二者于史无证，可排除不问。

其次讨论无中而闰、雨水建寅的情况。无中而闰意味着冬至恒在建子之月、夏历十一月，雨水恒在建寅之月、夏历正月。立春是雨水前的节气，只能与雨水同月或在雨水前一月，其可能出现的月份为：

（1）在无闰月的情况下，立春可与雨水同在夏历正月，也可在雨水月前的十二月；

（2）在有闰月的情况下，雨水仍在夏历正月，立春可与雨水同在正月，也可在雨水月前的闰月——

十三月。

本着无中而闰、闰在岁终、雨水建寅三原则，我们把汉以前出现过的寅正、丑正、子正、亥正历法中有关雨水、立春可能出现的月份作一排比，如表2。

表2

建正	节气		置闰	正常（无闰）
寅正	雨水（寅月）		正月	正月
	立春	雨水同月	一月	一月
		雨水前月	十三月	十二月
丑正	雨水（寅月）		二月	二月
	立春	雨水同月	二月	二月
		雨水前月	一月	一月
子正	雨水（寅月）		三月	三月
	立春	雨水同月	三月	三月
		雨水前月	二月	二月
亥正	雨水（寅月）		四月	四月
	立春	雨水同月	四月	四月
		雨水前月	三月	三月

上表中为卜辞十二月观籍所容许的十三月、十二月、一月立春，合于寅正；在立春位于雨水前月（立春建丑）的情况下，一月立春还合于丑正；子正、亥正则与观籍所要求的所有立春月份都不符合。

综上所述，根据籍礼天象条件的限制，卜辞十二月观籍在一般条件下普遍合于寅正历；只有在雨水建寅、立春建丑的特定条件下才合于丑正历。

五、卜辞"观籍"用小正

卜辞观籍与一般祭祀卜辞不同，它记载的是与民生相关的农事活动，按理应该用民历"小正"。古六历中有颛顼历、夏历两种寅正历，它们的来源基本相同，都属于"小正"（民历）系统。儒家经典《礼记》就把"夏历"经称为"夏小正"。历史上神历与民历之分屡见于记载，《史记·历书》：

> 颛顼受之，乃命南正重司天以属神，火正黎司地以属民。……尧复育重黎之后不忘旧者，使复旧常，而立羲和之官，……年耆禅舜。……舜亦以命禹。

《汉书·律历志》：

> 历数之起上矣。传述颛顼命南正重司天，火正黎司地。……尧复育重黎之后，使纂其业……其后以授舜……舜亦以命禹。

《晋书·律历志》云：

> 颛顼以今孟春正月为元，其时正月朔旦立春，五星会于天庙营室也，……鸟兽万物莫不应和，故颛顼圣人为历宗也。……夏为得天，以承尧舜，从颛顼也。

《新唐书·历志》引僧一行《大衍历议·日度议》：

> "颛顼历"上元甲寅岁正月甲晨初合朔立春，七耀皆值艮维之首。盖重黎受职于颛顼，九黎乱德，二官咸废，帝尧复其子孙，命掌天地四时，以及虞、夏。故本其所由生，命曰"颛顼"，其实"夏历"也。

"小正"（民历）系统的历法以正月建寅为岁首，春、夏、秋、冬四季顺序符合自然规律，十分便于农业生产，是谓"四气为正"[1]"夏数得天"[2]，因此"小正"历法不

---

[1] 黄怀信：《鹖冠子汇校集注》，中华书局，2004年，第35页。

[2] 杨伯峻：《春秋左传注》（修订本），中华书局，1990年，第1391页。

存在"改正朔"的问题。《汉志》所谓"自殷周皆创业改制,咸正历纪"[1],指的是"大正"(官历或神历)系统的历法,如"殷正建丑""周正建子"以及秦历岁首建亥等,皆属于"大正"。卜辞"观籍"用小正,故合于寅正历。

　　(原载《华学》第8辑,紫禁城出版社,2006年,第82—88页)

---

[1] 〔汉〕班固:《汉书·律历志》,《历代天文律历等志汇编》(五),中华书局,1976年,第1399页。

"观籍"卜辞与武丁元年

摘要：武丁卜辞记载某年十二月己亥商王任命"小籍臣"，次日庚子王往"观籍"。依据相关文献记载可知，这是立春登观台并举行籍田礼的重要活动。根据武丁在位的年代范围和立春干支等限制条件，可以认定此次"观籍"发生在武丁元年，即公元前1250年。这一结论印证了《夏商周断代工程》关于武丁年表的正确性，证明了卜辞月食断代的可靠性，也为殷墟甲骨文断代提供了一个绝对年代支撑。

关键词：卜辞，观籍，武丁元年

20世纪50年代陈梦家先生著《殷墟卜辞综述》，将有关"藉"的事例收集在第十六章"农业及其它"第四节"农作的过程"之"藉"字条下[1]，后岛邦男著《殷墟卜辞综类》、姚孝遂主编《殷墟甲骨刻辞类纂》均有"耤"字条收集耕藉卜辞[2]。"耤"字甲骨文写作一人以手执耒耜、以足踩踏之状（图1），陈梦家解释为耕藉，没有与藉田礼相联系。饶宗颐先生以卜辞有"乎藉生"（《合》904）、"乎藉于稟"（《合》9509），而《白虎通》载条风曰生、《国语·周语》载"稟于藉"等皆与立春有关，因而断定"藉"与藉田之礼有关[3]。饶说甚是，兹引典籍有关"藉田"与"御稟"的记载若干条补苴其说。

《说文》："藉，帝藉千亩也。古者使民如借，故谓之藉。"《史记·周本纪》："宣王不修籍于千亩。"《正义》引应劭云："古者天子耕籍田千亩，为天下先。"《礼记·祭义》："昔者天子为籍千亩，冕而朱纮……躬执耒；诸侯为籍百亩，冕而青纮……躬执耒。"《吕氏春秋·孟春纪》载："天子亲载耒耜……躬耕帝籍田。"高诱注：

[1] 陈梦家：《殷墟卜辞综述》，科学出版社，1956年，第532—533页。

[2] 〔日〕岛邦男：《殷墟卜辞综类》，汲古书院，1967年，第27页；姚孝遂主编：《殷墟甲骨刻辞类纂》，中华书局，1989年，第74页。

[3] 饶宗颐：《四方风新义——时空定点与乐律的起源》，《中山大学学报》1986年第4期。

"天子籍田千亩，以供上帝之粢盛，故曰帝籍。"甲骨文"耤"字的写法非常符合"躬执耒""躬耕"的情形，而《说文》假"借"字为说，与字形不符，似为后起之义。

籍田所产物品，特供于宗庙祭祀，有专门的收藏仓库曰"御廪"。《周礼·甸师》："掌帅其属而耕耨王藉，以时人之，以共齍盛。"《礼记·祭义》《孟子·滕文公》《诗·载芟》毛传等皆载天子诸侯亲耕，以供宗庙粢盛。《春秋·桓公十四年》："秋八月壬申，御廪灾。"杜预注："御廪，公所亲耕以奉粢盛之仓也。"《晋书·天文志上》："天廪四星在昴南，一曰天廥，主蓄黍稷以供飨祀；《春秋》所谓御廪，此之象也。"《说苑·反质》："魏文侯御廪灾……文侯作色不悦曰：'夫御廪者，寡人宝之所藏也。'"《周礼·廪人》："大祭祀则供其接盛。"郑玄注："大祭祀之谷，藉田之收藏于神仓者也，不以给小用。"《礼记·月令》和《吕氏春秋·季秋纪》："乃命冢宰藏帝籍之收于神仓。"高诱注："于仓受谷，以供上帝神祇之祀，故谓之神仓。"《国语·周语》"廪于藉"，韦昭注："廪，御廪也，一名神仓……谓为廪以藏王所藉田，以奉粢盛也。"总之御廪是专门收藏"藉田"所产祭祀品的神仓，故知卜辞"乎藉于廪"必与藉田礼有关。

我们不能肯定所有带"耤"字的卜辞都与藉田礼有关，但有一类自称为"观籍"的卜辞应与藉田礼有关。甲骨文"观籍"二字楷写作"雚耤"。"雚"字陈梦家释作"萑"同"獲"[1]，不妥。《殷墟卜辞综类》收集15条"王观"卜辞，包括3条含有"观籍"二字的卜辞[2]，《殷墟甲骨刻辞类纂》收集4条"雚耤"卜辞并楷写作"观耤"[3]，列如下：

　　己亥卜，贞：命吴小籍臣。己亥卜……观籍。（《合》5603）

　　己亥卜，贞：王往观耤，延往？（《合》9501）

　　庚子卜，贞：王其观耤，唯往？十二月。（《合》9500）

　　弜耤丧观，其受又年？（《合》28200）

[1] 陈梦家：《殷墟卜辞综述》，科学出版社，1956年，第535页。

[2] 〔日〕岛邦男：《殷墟卜辞综类》，汲古书院，1967年，第232页。

[3] 姚孝遂主编：《殷墟甲骨刻辞类纂》，中华书局，1989年，第658页；又见该书"耤"字条下，第74页。

《类纂》前三条（《合》5603、9501、9500）与《综类》三条相同。此外还有一条卜辞与"观籍"有关：

己亥卜，[贞]：命吴[小]耤臣。（《合》5604）

根据甲骨文分期的研究成果，以上除"弜耤丧观，其受又年？"为第三期廩辛康丁卜辞之外，余四条均为第一期武丁卜辞。这四条卜辞的人名、事类、书体、日期等密切相关，其贞卜活动都在某年的十二月己亥、庚子两日，且与一位名叫夨（俗作"吴"）的"小耤臣"有关，记载了商王武丁举行的一次"观籍"活动，我们不妨称之为"观籍"卜辞。笔者曾经缀合其中两片：《甲骨文合集》9500与5604片（图1）[1]，证明此次占卜"观籍"有如下过程：

[1] 武家璧：《从卜辞"观籍"看殷历的建正问题》，《华学》第8辑，紫禁城出版社，2006年。

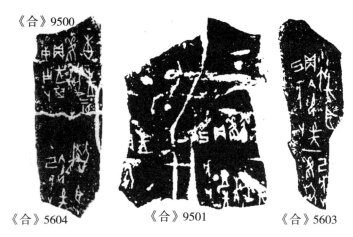

《合》9500

《合》5604　　《合》9501　　《合》5603

图 1　"观籍"卜辞

（1）己亥日任命"吴"担任"小籍臣"。

（2）己亥日提前卜问是否王往"观籍"，用否定问句"延往？"

（3）庚子日临行卜问是否王其"观籍"，用肯定问句"唯往？"

该卜辞于肯定问句之后记载时间在十二月，表明占卜过程结束，止于庚子日，则"观籍"活动当在十二月庚子日进行。为了"观籍"，商王特地于前一日任命一位"小籍臣"，可见兹事体大，非同小可。另有卜辞记载这位名叫"吴"（吴）的"小籍臣"曾经多次"省

27

亩"[1]，如"庚子卜命吴省亩"（《合》33237）；"己丑卜命吴省亩"[《小屯南地甲骨》（以下简称屯南）204]；"己酉卜贞命吴省在南亩，十月"（《合》9638）。"省亩"即"省廪"，省察籍田之御廪也，《国语》"廪于藉"近是。"省廪"当是"小籍臣"的职司。

"观籍"可分为"观"和"籍"两个部分来理解："观"指登观台以望云物，即所谓观象授时；"籍"即典籍所谓"籍田"之礼。关于"观"礼，《左传·僖公五年》载："五年春王正月，辛亥朔，日南至。公既视朔，遂登观台以望，而书，礼也。凡分至启闭，必书云物，为备故也。"杜预注："观台，台上构屋可以远观者也"；"分，春秋分也；至，冬夏至也；启，立春立夏；闭，立秋立冬。云物，气色灾变也。"孔颖达正义："用此八节之日，必登观台，书其所见云物气色。若有云物变异，则是岁之妖祥，既见其事，后必有验，书之者，为豫备故也。视朔者，月朔之礼也。登台者，至日之礼也。公常以一日视朔，至日登台。但此朔即是至日，故视朔而遂登台也。"由此可知，登观台是分至启闭八

---

[1] 姚孝遂主编：《殷墟甲骨刻辞类纂》，中华书局，1989年，第87页。

节之礼。

在八节"观"礼中，只有立春节才与"籍田"礼有关，行"观"礼时须同时举行"籍田"礼，故称"观籍"。关于举行"籍田"礼的时节，《吕氏春秋·孟春纪》《礼记·月令》载："孟春之月……是月也，天子乃以元日祈谷于上帝。乃择元辰，天子亲载耒耜，措之参于保介之御间，率三公、九卿、诸侯、大夫，躬耕帝籍田。"《说文》："元，始也。"段玉裁注引《九家易》曰："元者，气之始也。"《春秋》公羊派创"大一统"之说，有"五始"之论。《北堂书钞》卷56《设官部》引《公羊传》云："五始者，元年春王正月，公即位。元者，气之始；春者，四时之始；王者，受命之始；正月者，政教之始；公即位者，一国之始也。"《文选》卷47载王褒《圣主得贤臣颂》："《春秋》法五始之要。"李善注引胡广曰："五始一曰元，二曰春，三曰王，四曰正月，五曰公即位。"《春秋纬·元命苞》云："黄帝受图有五始。元者，气之始；春者，四时之始；王者，受命之始；正月者，政教之始；公即位者，一国之始。"[1] "五始"之说还见于《谷梁传》

---

[1] 〔日〕安居香山、中村璋八:《纬书集成》(中册)，河北人民出版社，1994年，第605页。

隐公元年杨士勋疏、《左传》隐公元年孔颖达正义、《汉书·王褒传》颜师古注、王应麟《玉海》卷2、罗泌《路史·后纪五》等，内容并袭《公羊传》，兹不备引。

"五始"中的"政教之始"依据《夏小正》《吕氏春秋·十二纪》《礼记·月令》等记载，为政者每月须发布当月的天文、气象、物候、祭祀与农事等有关政令，以指导国民的生产、生活和宗教活动。《逸周书·周月解》："我周王致伐于商，改正异械，以垂三统，至于敬授民时，巡狩祭享，犹自夏焉，是谓周月，以纪于政。"是谓"周月"犹自用夏历寅正"敬授民时""以纪于政"。由于天象、气候等以阳历年为周期，与阴历月无关，故节气与月份的对应是不固定的，例如立春既可能在十二月，也可能在正月、二月，故须设置闰月以调和阴阳历，使其回归正月。政令的发布一般称"孟春之月""仲春之月""季春之月"等，不称"正月""二月""三月"等，实际上是以节气所在月为标准的，因为节气属于阳历因素，与阴历月无关。周朝的政令采用夏历建寅之月为年始，是故立春月为"政教之始"。

"五始"中"气始"指"产气始萌"的冬至，它与"时始"（立春）是必定分开的，故不能做到"气始"与"时始"合一。又"王者"与"公"不能兼任，故"五始"之中只能做到"三始"合一。历法中另有一套"五始"，可以做到"四始"合一，《史记·天官书》载："岁始或冬至日，产气始萌……正月旦，王者岁首；立春日，四时之始也。四始者，候之日。"《索隐》："谓立春日是去年四时之终卒，今年之始也。"《正义》："谓正月旦，岁之始，时之始，日之始，月之始，故云'四始'。言以四时之日候岁吉凶也。"从历法角度而言，只有"正月朔旦立春"才符合"四始"合一的情形，依四分历"正月朔旦立春"的天象每七十六年发生一次，为颛顼历蔀首，俗称为"首日春"。通常情况下立春和朔日是分离的，所以"正月旦"一般为"三始"，如《汉书·鲍宣传》载某年"正月朔日蚀"，鲍宣上书曰："今日食于三始。"颜师古注引如淳曰："正月一日为岁之朝，月之朝，日之朝。'始'犹'朝'也。"《吕氏春秋》《月令》将孟春之月的"元日"和"元辰"分别开来，就是针对"岁首"（元旦）和"立春"分离而言的。籍田礼在孟春月的"元辰"举行，可知是日立春，须登观台以望云物，故称"观籍"。

从《国语》所载"籍田"礼的天象和物候条件，也可推知"观籍"须在立春日举行。《国语·周语上》：

> 宣王即位，不籍千亩。虢文公谏曰："不可。……古者，太史顺时覛土，阳瘅愤盈，土气震发，农祥晨正，日月底于天庙，土乃脉发。先时九日，太史告稷曰'自今至于初吉，阳气俱蒸，土膏其动。弗震弗渝，脉其满眚，谷乃不殖。'稷以告王曰'史帅阳官以命我司事曰：距今九日，土其俱动。王其祗祓，监农不易。'王乃使司徒咸戒公卿、百吏、庶民，司空除坛于籍，命农大夫咸戒农用。……及籍，后稷监之，膳夫、农正陈籍礼，太史赞王，王敬从之。王耕一坂，班三之，庶民终于千亩。……是日也，瞽帅音官以风土，廪于籍东南，锺而藏之，而时布之于农。

虢文公所论立春天象及同时发生的土壤发动现象，《新唐书·历志》载僧一行《日度议》解此曰："周初，先立春九日，日至营室……是以及于艮维，则山泽通气，阳精辟户，甲坼之萌见，而荦谷之际离。"这里的"及于艮维"即指立春日 [1]。《吕氏春秋·孟春纪》《礼记·月令》载:"孟春之月……东风解冻,蛰虫始振。"关于土壤解冻现象,《国语》述之为"土气震发""土乃脉发""土膏其动"。对土壤现象的仔细观察,是农业生产的需要,但在古人看来,土壤解冻、蛰虫苏醒、植物萌芽等都是农神的职司,必须及时祭祀农神,才能求得丰年。

举行籍田礼的日期选在"农祥晨正,日月底于天庙"这些天象发生的时节。《周语》:"月在天驷……月之所在,辰马农祥也,我太祖后稷之所经纬也。"韦昭注:"天驷,房星也。"《周礼·校人》:"春祭马祖,执驹。"郑玄注:"马祖,天驷也。《孝经说》曰'房为龙马。'"则"辰马农祥"是农牧业共同祭祀的星神。关于"农祥晨正,日月底于天庙"的天象,韦昭注云:

> 农祥,房星也。晨正,谓立春之日,晨中于午也。农时之侯,故曰农祥也。底,至也;天庙,营室也。孟春之月,日月皆在营室也。

---

[1] 武家璧:《曾侯乙墓漆书"日辰于维"天象考》,《江汉考古》2010 年第 3 期。

依岁差理论可以推知宣王时代（前827—前782年）的立春点约在营室十度，大致如一行《日度议》所说"周初先立春九日，日至营室"。太阳日行一度，先立春九日太阳抵达营室初度，至第十日则到达立春点营室十度。房星旦中和日在营室，两者都是立春前后的天象，说明籍田礼必须在立春节气举行。值得注意的是，在周代举行籍田礼的过程中，有一位官员发挥了重要作用——"后稷监之"，他大概相当于卜辞"观籍"中特地任命的"小籍臣"。

如上所论，"观籍"须在立春日举行，周代虢文公称"古者"如此，至秦汉天子籍田"乃择元辰"，仍然指立春，说明这一习俗，所从来久远，顽强保持千余年不变，上推至殷商应无问题。"观籍"卜辞记载在己亥日商王任命"小籍臣"，庚子日王往观籍，则殷人认定是年立春必在庚子。一般认为立春天象很难观测，而冬至天象则容易实测把握，如观测日出最南、白昼最短、晷影最长等，以冬至日为起点，利用节气的平均长度可以推知立春日期，如《淮南子·天文训》载："距日冬至四十六日而立春，阳气冻解。"这样推算的节气称为"平气"，平气与实际节气"定气"相差一两天在古代是很正常的。我们姑且设定"观籍"卜辞的立春干支在己亥、庚子、辛丑三日内选定。

既然"观籍"卜辞为武丁卜辞,"观籍"须在立春日举行,那么以武丁时代为年代范围,以立春干支为约束条件,借助现代科学历表可以判断"观籍"卜辞的绝代年代。《夏商周断代工程》依据《尚书·无逸》武丁在位 59 年,由甲骨文五次月食的次序与年代,结合甲骨分期分类的成果,推断武丁在位年代为公元前 1250 —前 1192 年[1]。准此,依张培瑜《三千五百年历日天象》[2]列出武丁时期立春干支表(表 1)。

表 1 武丁时期立春干支表

武丁纪年	公元前	立春干支	武丁纪年	公元前	立春干支	武丁纪年	公元前	立春干支	武丁纪年	公元前	立春干支	武丁纪年	公元前	立春干支
元年	1250	己亥	13	1238	壬寅	25	1226	乙巳	37	1214	丁未	49	1202	庚戌
2	1249	甲辰	14	1237	丁未	26	1225	庚戌	38	1213	癸丑	50	1201	丙辰
3	1248	己酉	15	1236	壬子	27	1224	乙卯	39	1212	戊午	51	1200	辛酉
4	1247	甲寅	16	1235	丁巳	28	1223	庚申	40	1211	癸亥	52	1199	丙寅

[1] 夏商周断代工程专家组:《夏商周断代工程 1996—2000 年阶段成果报告》(简本),世界图书出版公司,2000 年,第 57 页;张培瑜:《武丁、殷商的可能年代》,《考古与文物》1999 年第 4 期。

[2] 张培瑜:《三千五百年历日天象》,大象出版社,1997 年,第 892—893 页。

武丁纪年	公元前	立春干支	武丁纪年	公元前	立春干支	武丁纪年	公元前	立春干支	武丁纪年	公元前	立春干支	武丁纪年	公元前	立春干支
5	1246	庚申	17	1234	癸亥	29	1222	丙寅	41	1210	戊辰	53	1198	辛未
6	1245	乙丑	18	1233	戊辰	30	1221	辛未	42	1209	甲戌	54	1197	丁丑
7	1244	庚午	19	1232	癸酉	31	1220	丙子	43	1208	己卯	55	1196	壬午
8	1243	乙亥	20	1231	戊寅	32	1219	辛巳	44	1207	甲申	56	1195	丁亥
9	1242	辛巳	21	1230	甲申	33	1218	丁亥	45	1206	己丑	57	1194	壬辰
10	1241	丙戌	22	1229	己丑	34	1217	壬辰	46	1205	乙未	58	1193	戊戌
11	1240	辛卯	23	1228	甲午	35	1216	丁酉	47	1204	庚子	59	1192	癸卯
12	1239	丙申	24	1227	己亥	36	1215	壬寅	48	1203	乙巳	廩辛	1191	戊申

　　搜索上表，可知符合"观籍"天象条件的年代有武丁元年（前1250年）己亥立春、武丁二十四年（前1227年）己亥立春、武丁四十七年（前1204年）庚子立春三个年份。这三个年份理论上均可供"观籍"卜辞作年代选择，我们优先选择武丁元年（前1250年），理由如下：

　　首先，王者即位首重观籍，周宣王即位不籍千亩，虢文公谏之，就是明证。依文献所载，元年观籍体现"三始"合一：立春四时之始，王者受命之始，孟春月政教之始。武丁是商代最有作为的君主之一，其即位之初不可能不举行观籍之礼。

其次，卜辞记载在王往观籍的前一天任命"小籍臣"，这暗示籍田之礼可能多年未行，故须重新任命专职官员主理之。或者新王即位，前朝旧臣废而不用，重新任命"小籍臣"，皆在情理之中。如果不在即位之初，循往年旧例，不必临时任命"小籍臣"。卜辞载"吴"（头）获任"小籍臣"后曾多次"省廪""省在南廪"，由《国语》"廪于藉"可知"省廪"当与籍田有关，说明"小籍臣"的职司是相对稳定的，不会在行礼前临时任命。那么"吴"获任"小籍臣"的年代，极有可能在新王即位之初首次举行籍礼之时。

再次，查张培瑜《三千五百年历日天象》得武丁元年的前冬至（前1251年）在甲寅，其后第四十五日干支为己亥，依《淮南子·天文训》距甲寅"四十六日"为庚子立春，符合"观籍"卜辞庚子"唯往"的记载。

"观籍"卜辞载明月份为"十二月"，查张培瑜历表该年立春月合朔丁亥（公历前1250年2月3日），实历己亥立春为十二月十三日（公历前1250年2月

15 日）[1]，殷历庚子立春为十二月十四日。按殷历立春当在武丁元年正月的前一月，则武丁在其父小乙去世的当年（前 1251 年）继承王位，"观籍"之后宣布改元。从历法的角度而言，一年有四时（四季），立春为四时之始，故殷历庚子立春在"历法年"中应属于武丁元年之孟春。

综上所述，依据殷墟"观籍"卜辞的立春干支，可推断商王武丁元年为公元前 1250 年。这一结论印证了《夏商周断代工程》关于武丁年表的正确性，证明了卜辞月食断代的可靠性，也为殷墟甲骨文断代提供了一个绝对年代支撑。

（原载《中原文物》2004 年第 4 期，第 48—52 页）

---

[1]　张培瑜：《三千五百年历日天象》，大象出版社，1997 年，第 472、892 页。

"奏丘"卜辞的天象与年代

　　摘要：自（师）组卜辞"壬午卜扶，奏丘日南"，与《左传》"日南至"为冬至、《周礼》"冬日至于地上之圜丘奏之"相印证，提供了一个冬至干支"壬午"；小屯南地出土的自组"奏岳"卜辞提供了另一冬至干支"丙戌"，两者相差 365 天，是前后两年的冬至。以《夏商周断代工程》的武丁年表为标准，以小乙在位 10 年、武丁在位 59 年为范围，把与"奏岳"卜辞共存的小屯南地自组卜辞记载的月份干支作为边界条件，搜索科学历表中的冬至干支，得到"奏丘"卜辞的天象年代为武丁二十八年（前 1223 年），"奏岳"卜辞的年代为武丁二十九年（前 1222 年），证明自组卜辞的年代为武丁中期。冬至干支断代法开辟了卜辞天象断代的新途径。

关键词：卜辞，奏丘，奏岳，天象，武丁中期

殷墟甲骨文中有一例"奏丘"卜辞（《甲骨文合集》第 20975 片），其辞云（图 1）[1]：

壬午卜，扶，奏丘，日南，雨？

其中"日南"就是文献记载的"日南至"，即冬至。贞卜人为"扶"，在甲骨分类中属于𠂤（师）组卜辞。

图 1 "奏丘"卜辞拓片与释文

卜辞大意为：贞人扶在壬午这一天占卜，问道：举行奏丘仪式，迎接太阳南至，会下雨吗？前面的"奏丘，日南"四字是一个陈述句，表示即将要进行的事项，贞人扶卜问的是当天是否会下雨。因为如果下雨，奏

---

[1] 胡厚宣：《甲骨文合集》第 7 册第 20975 片，中华书局，1999 年，第 2704 页。

丘仪式和迎日活动就不能举行。显然这一卜辞提供了一个冬至干支"壬午",为我们判断卜辞的绝对年代创造了条件,略论如下。

一、日南

卜辞中的"日南",又称为"日至",文献记载为"南至"或"日南至"。《逸周书·周月》:"惟一月既南至,昏昴毕见,日短极。"《左传·僖公五年》:"春王正月,辛亥朔,日南至。"杜预注:"周正月,今十一月;冬至之日,日南极。"孔颖达疏:"日南至者,冬至日也。"《左传·昭公二十年》:"春王二月己丑,日南至。"杜预注:"是岁'朔旦冬至'之岁也。当言正月己丑朔,日南至。时史失闰,闰更在二月后。"孔颖达疏:"历之正法,往年十二月后宜置闰月,即此年正月当是往年闰月,此年二月乃是正月,故朔日己丑,日南至也。时史失闰,往年错不置闰,闰更在二月之后……日南至者,谓冬至也。冬至者,周之正月之中气。历法闰月无中气,中气必在前月之内。时史误以闰月为正月,而置冬至于二月之朔,既不晓历数,故闰月之与冬至

悉皆错也。"按常理冬至本应在夏历十一月，杜注孔疏
解释了何以《左传》会有正月、二月冬至的原因。

关于《左传》的"日南至"，过去认为是用圭表测
影来测得冬至的 [1]，现在看来应是测量日出方位的结
果。圭表测影的原理是立八尺表杆，测量正午时的杆
影长度称为晷影，一年之中晷影最长的那天就是冬至。
测量日出方位的原理是在一年之中站在同一地点测量
日出方位的变化，日出方位到达最南点的那一天就是
冬至，所以叫"日南至"。此外还有测量白昼最短、观
测星象（如斗柄、中星、晨见昏伏星等），以及观察物
候、气象等辅助方法。相比较而言，测量日出方位最
简单而且最准确，因而也是古代先民最早掌握和普遍
使用的观象授时方法。

甲骨卜辞里有数十条关于"宾日""出日""入
日""出入日"等的记载 [2]，与《尚书·尧典》"寅宾出
日""寅饯纳日"的记载相类似，是欢迎日出、欢送日

---

[1] 中国天文学史整理研究小组编著：《中国天文学史》第 5 章"历法"，
科学出版社，1981 年，第 73 页。

[2] 武家璧：《史前太阳鸟纹与迎日活动》，《文物研究》第 16 辑，黄山
书社，2009 年。

落的祭祀典礼，这些活动大约在特定的节日举行，而
这些节日应该是通过日出方位来确定的。《殷墟花园
庄东地甲骨》第 290 片（H3：876）记载了一次占验日
出的过程："癸巳卜：自今三旬又至南？弗霝？三旬亡
其至南？……迄日出，自三旬乃至。"整理者认为这是
殷人观察天象的珍贵记录[1]，我们认为卜辞中直接出现
了"日出""至南"等字样，应是一次关于冬至日出的
观象记录[2]。

　　"至南"卜辞与"奏丘"卜辞都关注冬至那天是否
下雨。"至南"卜辞反问："弗霝？"表示问"不会淋雨
吧？"其主观意图是不希望下雨，因为雨天就观测不
到"至南"日出了。"奏丘"卜辞正问句（无反问）问道：
"雨？"其实本意是不希望下雨，因为如果下雨就无法
证明"日南"（日出方位达到最南点），"奏丘"仪式也
就难以举行。

　　殷墟卜辞中是否有关于冬至的记载，以往学术界

---

[1]　中国社会科学院考古研究所：《殷墟花园庄东地甲骨》（六），云南人
　　　民出版社，2003 年，第 1681 页。

[2]　武家璧：《花园庄东地甲骨文中的冬至日出观象记录》，《古代文明
　　　研究通讯》2005 年 6 月第 25 期。

有争论。20 世纪 40 年代董作宾就指出，卜辞中最高记日数字"五百四旬七日"（《殷墟文字乙编》第 15 片）"合于四分历一年半之岁实"，以此推知商人能够准确测出冬至和夏至[1]。董先生作《殷历谱·日至谱》，举"《龟》1.22.1 十《续》1.44.6"（《合》13740 牛胛骨）和"《乙》15"（《合》20843 龟背甲）两版卜辞，指出其分别为武丁"日至"和文武丁"日至"[2]。50 年代饶宗颐先生撰《殷代日至考》，增补若干条"至日"卜辞，申说其事[3]。七八十年代张政烺[4]、萧良琼[5]以及温少峰、袁庭栋先生[6]等都主张殷人已知二至。姚孝遂、肖丁在《小屯南地甲骨考释》中说："'至日'有可能即'日至'，商代于日月之运行，已有较为详细而深入之观测，应

---

[1] 董作宾：《"稘三百有六旬有六日"新考》，《中国文化研究所集刊》1941 年第 1 集，第 98—104 页。

[2] 董作宾：《殷历谱》下编卷 4《日至谱》，《中央研究院历史语言研究所专刊》，1945 年；又见《董作宾全集·乙编》第 7 册，台湾艺文印书馆，1977 年。

[3] 饶宗颐：《殷代日至考》，《大陆杂志》1952 年第 5 卷第 3 期。

[4] 张政烺：《卜辞裒田及其相关诸问题》，《考古学报》1973 年第 1 期。

[5] 萧良琼：《卜辞中的"立中"与商代的圭表测影》，《科学史文集》第 10 辑，上海科学技术出版社，1983 年。

[6] 温少峰、袁庭栋：《殷墟卜辞研究——科学技术篇》，四川省社会科学院出版社，1983 年。

已具有'日至'之观念,并能加以预测。"[1] 国外学者李约瑟、薮内清、哈特纳等都认为我国殷商时代已能测定分至[2]。然而自董作宾撰《殷历谱》,唐兰先生即批评其《日至谱》第一例(牛胛骨)实为"记某人之至",第二例(龟背甲)为"残辞",建议作者"不妨缺此一谱"[3]。80 年代初常正光发表《殷历考辨》一文[4],对商代已知冬夏二至的观点提出疑问。张玉金《说卜辞中的"至日""即日""戠日"》认为甲骨文中的"至日"是指到某个日子,不是"日至"(冬至、夏至)[5]。常玉芝查阅所能见到的全部殷墟甲骨卜辞,搜集到完整及比较完整的带有"至"字的卜辞 275 版,逐一研究后否定了殷人已知二至的说法[6]。然而罗琨先生则得出相反

---

[1] 姚孝遂、肖丁:《小屯南地甲骨考释》,中华书局,1985 年,第 150 页。

[2] 中国天文学史整理研究小组编著:《中国天文学史》,科学出版社,1981 年,第 11 页。

[3] 参见董作宾《殷历谱》后记所引唐兰信函。

[4] 常正光:《殷历考辨》,《古文字研究》第 6 辑,中华书局,1981 年。

[5] 张玉金:《说卜辞中的"至日""即日""戠日"》,《古汉语研究》1991 年第 4 期;又见《考古与文物》1992 年第 4 期。

[6] 常玉芝:《卜辞日至说疑议》,《中国史研究》1994 年第 4 期;又见宋镇豪、段志洪主编:《中国古文字大系——甲骨文献集成》卷 32《天文历法》,四川大学出版社,2001 年。

的结论[1]。本文所举"奏丘日南"及花东"日出至南"卜辞，不仅证明商代已经能够确定冬至日期，而且表明其方法是利用日出方位来实测确定的，关于商代是否有"日至"的争论，至此基本可以定论。

二、奏丘

卜辞"奏丘"之"丘"字，《甲骨文合集释文》释作"丘"，《殷墟甲骨刻辞摹释总集》释作"山"，饶宗颐释作"火"[2]。按，释"丘"甚是，"丘"即"圜丘"，"奏丘日南"可与文献相印证。所谓"奏丘"就是冬至日奏乐于圜丘，举行祭祀天神的仪式，文献有诸多记载可以参证。与"圜丘"有关的早期记载有：

　　《周礼·春官·大司乐》："凡乐，圜钟为宫，黄钟为角，大蔟为徵，姑洗为羽，雷鼓雷鼗，孤

[1] 罗琨：《卜辞"至"日缕析》，《胡厚宣先生纪念文集》，科学出版社，1998年；罗琨：《"五百四旬七日"试析》，《夏商周文明研究》，中国文联出版社，1999年。

[2] 饶宗颐：《殷卜辞所见星象与参商、龙虎、二十八宿诸问题》，《胡厚宣先生纪念文集》，科学出版社，1998年。

竹之管，云和之琴瑟，云门之舞，冬日至，于地上之圜丘奏之，若乐六变，则天神皆降，可得而礼矣。"贾公彦疏："案《尔雅》土之高者曰丘，取自然之丘。圜者，象天圜。"

《周礼》曰："祀昊天上帝于圜丘。"《注》曰："冬至日，祀五方帝及日月星辰于郊坛。"（《渊鉴类函》卷16《岁时部·冬至》所引，今本《周礼·大宗伯》无"于圜丘"三字）

《礼记·月令》："孤竹之管，云和琴瑟，云门之舞，冬日至于地上之圜丘奏之。"（《渊鉴类函》卷16《岁时部·冬至》所引，今本《月令》无）

《易·通卦验》："郑元（玄）注曰'冬至，君臣俱就大司乐之官，临其肄，祭天圜丘之乐，以为祭事，莫大于此。'"又曰："冬至之始，人主与群臣左右纵乐五日，天下之众，亦家家纵乐五日，为迎日至之礼。"（《渊鉴类函》卷16引）

《周礼·春官·大宗伯》："以禋祀祀昊天上帝。"孔颖达疏："（郑）玄谓'昊天上帝'，冬至于圜丘所祀天皇大帝。"

梁崔灵恩《三礼义宗》："冬至日，祭天于圜丘，玉用苍壁，牲用玉色，乐用夹钟为宫乐，作六变。"
（《渊鉴类函》卷 16 引）

《晋书·礼志上》："冬至亲祀圜丘于南郊。"（又见《渊鉴类函》卷 16 引）

《周礼·大司乐》所说"冬日至于地上之圜丘奏之"，是对卜辞"奏丘日南"的最好说明。其他关于冬至祭天的早期记载，略举若干如下：

《周礼·春官·神仕》："以冬日至，致天神人鬼；以夏日至，致地方物魅。"

《史记·封禅书》引《周官》曰："冬日至，祀天于南郊，迎长日之至；夏日至，祭地祇。皆用乐舞，而神乃可得也。"

《礼记·郊特牲》："郊之祭也，迎长日之至也。兆于南郊，就阳位也。……周之始郊，日以至。"孔颖达疏："'周之始郊，日以至'者，谓鲁之始郊日，以冬至之月。"

《礼记·明堂位》："鲁君孟春乘大辂，载弧韣，以祀帝于郊；季夏六月，以禘礼祀周公于太庙。"

《礼记·杂记》:"孟献子曰'正月日至,可以有事于上帝;七月日至,可以有事于祖。'……鲁以周公之故,得以正月日至之后郊天,亦以始祖后稷配之。"

上引冬至祭天大多与"郊祀"有关。这里牵涉到经学史上的"郊丘之争"[1]:郑玄认为冬至圜丘祭天,与正月郊祀上帝是两种不同的祭祀,前者祭祀"昊天上帝",后者郊祀"五帝",两者相加有六位天神,故孔颖达疏:"郑氏以为天有六天,郊丘各异。"而王肃《圣证论》认为,"天体无二,郊即圜丘,圜丘即郊","犹王城之内与京师,异名而同处",是谓"郊丘合一"。郑玄与王肃之争参见《礼记·郊特牲》与《祭法》首节之孔颖达《疏》。

我们认为"郊丘之争"的关键在于冬至是否在正月,如果周历的正月就是冬至月,那么"郊丘合一"

---

[1] 张鹤泉:《周代郊天之祭初探》,《史学集刊》1990 年第 1 期;杨天宇:《关于周代郊天的地点、时间与用牲——与张鹤泉同志商榷》,《史学月刊》1991 年第 5 期;朱溢:《从郊丘之争到天地分合之争——唐至北宋时期郊祀主神位的变化》,《汉学研究》2009 年第 2 期,第 267—302 页。

论就必定成立。早期历法的编制原理基本相同，主要区别在历元和建正不同，有所谓"三正"说。《尚书大传》云："夏以孟春月为正，殷以季冬月为正，周以仲冬月为正。"《春秋公羊传解诂》隐公元年云："王者受命，必徙居处，改正朔，易服色……明受之于天，不受之于人。夏以斗建寅之月为正……殷以斗建丑之月为正……周以斗建子之月为正。"《春秋·元命苞》曰："周人以十一月为正，殷人以十二月为正，夏人以十三月为正。"《〈历书〉索隐》："及颛顼、夏禹亦以建寅为正，唯黄帝及殷、周、鲁并建子为正（按：一说殷以建丑为正），而秦正建亥，汉初因之。"夏正建寅、殷正建丑、周正建子，标志夏商周三代政权更迭，是为"三正"。周历和鲁历都是正月建子的历法，称为"子正"，以冬至月（子月）为正月，夏至月（午月）为七月，故孟献子所说"正月日至"就是冬至。《礼记·明堂位》称"季夏六月"，则孟春必为正月，故《明堂位》的正月"祀帝于郊"，就是《杂记》的冬至"有事于上帝"。

《左传·桓公五年》孔颖达疏："《明堂位》言正月郊者，盖春秋之末，鲁稍僭侈，见天子冬至祭天，便以正月祀帝。"如上文所考，周鲁历法的正月就是冬至月,因此冬至祭天就是正月郊祀,周天子称祭天,鲁侯称祀帝,其实并无本质区别。由此可知上古时期郊祀天神有三个特点:其一祭祀时间在冬至,其二是祭祀地点在"圜丘",其三是祭祀方法"用乐舞"。这与卜辞"奏丘日南"非常吻合。

三、奏岳

上引"奏丘"卜辞(《合》20975)在甲骨分类中属"𠂤(师)组大字类"卜辞,另在小屯南地发掘出土的"𠂤(师)组小字类"卜辞中发现一例"奏岳"卜辞,可与上引"奏丘"卜辞互相印证。1973 年小屯南地科学发掘,在早期地层 T53(4A)层中发现八片卜甲整齐叠压在一起,七片刻有卜辞,与之共存的还有少量陶片。其中有一片[T53(4A):146]刻有𠂤(师)组卜人"扶",其他六片的字体、文法同于𠂤组,因而属𠂤组卜辞[1],在甲骨文分类中属"𠂤组小字类"[2]。令人惊异的是有一

[1] 肖楠:《安阳小屯南地发现的"𠂤组卜甲"——兼论"𠂤组卜辞"的时代及其相关问题》,《考古》1976 年第 4 期。

[2] 彭裕商:《殷墟甲骨断代》,中国社会科学出版社,1994 年,第 81 页。

片〔T53（4A）:143,《合》20398〕刻辞（图 2）可能提供了一个冬至干支，其辞曰：

乙酉卜，于丙奏岳，从用，不雨。

图 2 "奏岳"卜辞摹本

早年库方氏所藏另一例卜辞云"贞勿奏岳"(《合》40422），惜无干支相连，难以断年。卜辞"奏岳"中的"岳"字作，此字卜辞另作，孙诒让释岳，罗振玉释羔，郭沫若释华或岳，容庚、于省吾释冥，唐兰认为卜辞所祀的羔就是后世的岳[1]。整理者认为释岳比较合理。《康熙字典》引"《集韵》嶽古作岳。《说文》嶽古篆作。《六书正讹》从丘山，象形。嶽岳经传通

---

[1] 陈梦家:《殷墟卜辞综述》，科学出版社，1956 年，第 342—343 页；〔日〕岛邦男著，濮茅左、顾伟良译:《殷墟卜辞研究》，上海古籍出版社，2006 年，第 410 —417 页。

用"。按，卜辞"岳"字上为丘，下为山，即岳字古文。"奏岳"与前引文例"奏丘"相同。

《尔雅·释丘》："绝高为之京（郭璞注：人力所作），非人为之丘（郭璞注：地自然生）。"《周礼·冢人》："以爵等为丘封之度。"贾公彦疏：《尔雅》云土之高者曰丘，高丘曰阜，是自然之物。"《周礼·大司乐》："冬日至于地上之圜丘奏之。"贾公彦疏："言圜丘者，案《尔雅》土之高者曰丘，取自然之丘，圜者，象天圜，既取丘之自然，则未必要在郊，无问东西与南北方皆可……因高以事天，故于地上。"《说文》："北（丘），土之高也，非人所为也。从北从一。"《尔雅·释丘》："丘，一成为敦丘，再成为陶丘，再成锐上为融丘，三成为昆仑丘。"郭璞注："成犹重也，《周礼》曰'为坛三成。'"邢昺疏："丘形上有两丘相重累者，名陶丘；丘形再重而顶纤者，名融丘也。"郝懿行《义疏》："陶从匋，匋是瓦器，丘形重累似之。"《说文》："陶，再成丘也。"今按，甲骨文丘字作 ⋀⋀，实为一层之敦丘或顿丘，⅏实为二层之陶丘，⅏实为二层尖顶之融丘，皆为自然山丘，故所谓"岳"字实即重累山丘之形。

文献中的嶽（岳）特指五岳。《说文》："嶽，东岱、南霍、西华、北恒、中泰室，王者之所以巡狩所至。从山狱声。𠚤，岳古文，象高形。"段玉裁注："天子适诸侯曰巡狩。按《尧典》二月至于岱宗，五月至于南岳，八月至于西岳，十有一月至于北岳。"《尔雅·释山》以泰山为东岳，华山为西岳，霍山为南岳（即天柱山，潜水所出），恒山为北岳（常山），嵩高为中岳（大室山也）。邢昺疏引："《白虎通》云'岳者何为？岳之为言捔，捔功德也。'……《风俗通》云'岳，捔考功德黜陟也'。然则以四方，方有一山，天子巡守至其下，捔考诸侯功德而黜陟之，故谓之岳也。"按，《尧典》二月为仲春（春分），五月为仲夏（夏至），八月为仲秋（秋分），十一月为仲冬（冬至），则天子巡狩四岳必在二分二至之节，而卜辞"奏丘"或"奏岳"当在冬至节。

小屯南地卜辞曰"乙酉卜，于丙奏岳"，是于乙酉日卜问次日丙戌奏岳，明确显示冬至干支为丙戌。前引"奏丘日南"的冬至干支为壬午，自壬午至丙戌恰好为一年的整数日 365 天，故卜辞"奏丘"和"奏岳"分别在前后两年的冬至日举行，"奏丘"为前一年冬至，"奏岳"在次年冬至。贞人"扶"出现在"奏丘"卜辞中，同时出现在与"奏岳"卜辞共存的卜甲中,两者的年代靠近是必然的。

四、天象年代

"奏岳"卜辞出土于小屯南地早期地层 T53(4A)层中,同出陶器相当于殷墟文化早期(大司空村 I 期),即武丁时期。肖楠小组指出自组卜人"扶"与卜人"中"同版(《库》1248),而卜人"中"是跨第一期(武丁)与第二期(祖庚祖甲)前半叶的人;出土"扶卜辞"的小屯南地地层 T53(4A)层下仍叠压小屯南地早期灰坑(H111、H112),从这些迹象来看自组卜辞的时代似属于武丁晚期[1]。故"奏丘"和"奏岳"卜辞有关冬至干支的绝对年代,应该到武丁时期的年代范围内查找。

《夏商周断代工程》依据《尚书·无逸》商王武丁在位 59 年,由甲骨文五次月食的次序与年代,结合甲骨分期分类的成果,推断武丁在位年代为公元前

---

[1] 肖楠:《安阳小屯南地发现的"自组卜甲"——兼论"自组卜辞"的时代及其相关问题》,《考古》1976 年第 4 期。

1250—前 1192 年 [1]，考虑到有学者认为"扶卜辞"时代跨越武丁和武丁以前的可能性，又据今本《竹书纪年》武丁之父小乙在位 10 年，准此依张培瑜《中国先秦史历表》[2] 列出商王小乙（前 1260—前 1251 年）至武丁时期（前 1250—前 1192 年）的冬至干支表（表 1），在此共约 70 年的年代范围内搜索符合天象"前冬至壬午、后冬至丙戌"的年代。

表 1　商王小乙—武丁时期冬至干支表

王年	公元前	冬至干支	武丁纪年	公元前	冬至干支	武丁纪年	公元前	冬至干支	武丁纪年	公元前	冬至干支	武丁纪年	公元前	冬至干支
小乙	1260	丁卯	5	1246	庚辰	19	1232	癸巳	33	1218	丁未	47	1204	庚申
2	1259	壬申	6	1245	乙酉	20	1231	己亥	34	1217	壬子	48	1203	乙丑
3	1258	丁丑	7	1244	庚寅	21	1230	甲辰	35	1216	丁巳	49	1202	辛未
4	1257	壬午	8	1243	丙申	22	1229	己酉	36	1215	壬戌	50	1201	丙子
5	1256	丁亥	9	1242	辛丑	23	1228	甲寅	37	1214	戊辰	51	1200	辛巳
6	1255	癸巳	10	1241	丙午	24	1227	庚申	38	1213	癸酉	52	1199	丙戌
7	1254	戊戌	11	1240	辛亥	25	1226	乙丑	39	1212	戊寅	53	1198	壬辰
8	1253	癸卯	12	1239	丁巳	26	1225	庚午	40	1211	癸未	54	1197	丁酉
9	1252	戊申	13	1238	壬戌	27	1224	乙亥	41	1210	己丑	55	1196	壬寅
10	1251	甲寅	14	1237	丁卯	28	1223	辛巳	42	1209	甲午	56	1195	丁未
武丁	1250	己未	15	1236	壬申	29	1222	丙戌	43	1208	己亥	57	1194	癸丑
2	1249	甲子	16	1235	戊寅	30	1221	辛卯	44	1207	甲辰	58	1193	戊午
3	1248	己巳	17	1234	癸未	31	1220	丙申	45	1206	庚戌	59	1192	癸亥
4	1247	乙亥	18	1233	戊子	32	1219	辛丑	46	1205	乙卯	廪辛	1191	戊辰

[1] 夏商周断代工程专家组:《夏商周断代工程 1996—2000 年阶段成果报告》(简本)，世界图书出版公司，2000 年，第 57 页；张培瑜:《武丁、殷商的可能年代》，《考古与文物》1999 年第 4 期。

[2] 张培瑜:《三千五百年历日天象》，大象出版社，1997 年，第 891—893 页;《中国先秦史历表》，齐鲁书社，1987 年，第 22—27 页。

张培瑜历表给出的是"实历"干支，而商代实际使用的殷历干支可能与"实历"有一两天的误差，故前冬至干支以壬午为中心，在实历庚辰、辛巳、壬午、癸未、甲申冬至中寻找；后冬至干支以丙戌为中心，在实历甲申、乙酉、丙戌、丁亥、戊子冬至中查找。容易从表1中查知符合上述天象条件的有：

公元前 1256 年，小乙五年，前冬至壬午，冬至丁亥；

公元前 1245 年，武丁六年，前冬至庚辰，冬至乙酉；

公元前 1222 年，武丁二十九年，前冬至辛巳，冬至丙戌；

公元前 1199 年，武丁五十二年，前冬至辛巳，冬至丙戌。

其中冬至丙戌与"奏岳"卜辞完全符合，乙酉、丁亥只在丙戌"奏岳"的前后一天；前冬至壬午与"奏丘"卜辞完全符合，庚辰、辛巳只在壬午"奏丘"前一两天。因为"实历"是现代科学历表，依据科学方法计算太阳实际位置得到准确的冬至时刻，从而推排出历史年代的冬至和朔日干支等，但商朝人的历法不可能有如此高的精度，存在一两天的误差是完全允许的。

上述四个年份中只有一个是正确的，如何排除其

他三个年份的可能性？我们认为可以借助小屯南地
T53（4A）层同出七片自组卜辞的共存关系，作为解
决问题的边界条件。这七片卜甲紧密叠压，应该是基
本同时并一次性掩埋的。例如一卜甲中出现"八月""十
月"的记月刻词，而"奏岳"在十一月（冬至月）进行，
与前者紧密相连，我们把它们系于同一年是合理的。
编号为 T53（4A）:145 的卜辞（《合》33069）载云：

> 庚子卜，伐归受又，八月。
>
> 丁酉卜，今生十月王徝，受又。
>
> 己亥卜，王徝，今十月受□。

由于纪日干支有 60 个而一个月内只能容纳 29 或
30 个干支日，那么某一干支在某月内出现或不出现的
概率各约一半，可以依据八月是否有庚子，十月是否
有丁酉、己亥来排除上述四个年份中的不合理年份。

采用月份干支排除法，还须有关于历法建正和闰
法的基本设定。关于建正问题，笔者曾经依据"观籍"

卜辞论述甲骨文采用夏历建正即正月建寅的历法[1]，一般情况下以冬至月为十一月。《逸周书·周月解》："我周王致伐于商，改正异械，以垂三统，至于敬授民时，巡狩祭享，犹自夏焉，是谓周月，以纪于政。"是谓改正朔仅具象征意义，而"周月"犹自用夏历寅正月序以授时、祭享等。周朝如此，商朝想来亦如此。当冬至出现或可能出现在异月时，就设置闰月使其回归十一月，置闰规则是"归余于终"（《左传·文公元年》）。甲骨文中屡次出现的"十三月"就是闰月，且置于年终。基于以上设定，我们在查找科学历表并拟定殷历时，按寅正月序以冬至月为十一月，以冬至月的前一月为十月、前二月为九月、前三月为八月等，不考虑其中设置闰月的可能性。兹将实历公元前1256年、前1245年、前1222年、前1199年的前冬至和冬至干支、八九十月朔干支以及丁酉、己亥、庚子的相关日序等列为表2，并排除不合理年代后，对正确年份拟定相关的殷历冬至、月朔和干支日序。

---

[1] 武家璧:《从卜辞"观籍"看殷历的建正问题》,《华学》第 8 辑,紫禁城出版社,2006 年。

表2　月份干支排除法断代示例

公元纪年		前1256	前1245	前1222		前1199
商王纪年		小乙5	武丁6	武丁29		武丁52
历法		实历	实历	实历	拟殷历	实历
前冬至		壬午	庚辰	辛巳	壬午	辛巳
冬至		丁亥	乙酉	丙戌	丙戌	丙戌
十月	朔干支	丙辰	壬子	己亥	丁酉	丙辰
	丁酉	无	无	无	1日	无
	己亥	无	无	1日	3日	无
九月	朔干支	丙戌	癸未	己巳		丙戌
	丁酉	12日	15日	29日	无	12日
	己亥	14日	17日	无	无	14日
	庚子	15日	18日	无	无	15日
八月	朔干支	丁巳	癸丑	己亥	丙申	丙辰
	庚子	无	无	2日	5日	无

从表2立即看出，丁酉、己亥、庚子集中出现在前1256、前1245年、前1199年的九月中，这三年的八月无庚子、十月无丁酉和己亥，此与小屯南地自组卜辞的记载不符。庚子、丁酉和己亥三个日辰干支在九月中的日序为12—18日，距离上下月的朔日超过十日以上，这是不能用"历差"（殷历相对"实历"的

误差）来解释的，因为即使微调朔日干支两三天，甚至三五天，也无法使丁酉和己亥退回到十月，庚子前进到八月。故可排除这三年作为所求卜辞年代的可能性。

前 1222 年（武丁二十九年），实历八月有庚子，十月有己亥无丁酉，但丁酉在实历九月中的日序为 29 日，将丁酉微调为十月朔日只需将实历日序延后两天即可，这是历朔与实朔的误差所允许的。故将丁酉拟定为殷历的十月朔日，则丁酉和己亥分别为十月一日和三日。自八月朔至十月朔相差两个整月，一大月和一小月共 59 天，既然十月朔日拟为丁酉，前推 59 日后的八月朔日必为丙申，则庚子为八月五日（表 2）。总之，拟定后的殷历十月朔丁酉，月内有丁酉、己亥；八月朔丙申，月内有庚子，符合小屯南地自组卜辞的记载。

综上所述，可以得到"奏丘"卜辞的天象年代为公元前 1223 年，即武丁二十八年；"奏岳"卜辞的天象年代为前 1222 年，即武丁二十九年。兹将冬至干支断代的结论列如表 3：

表 3 "奏丘"与"奏岳"卜辞的冬至干支断代

卜辞名称	《甲骨文合集》编号	公元纪年王年	历法	冬 至		
				月朔	干支	日序
"奏丘"卜辞	《合》20975	前 1223 年武丁 28 年	实历	甲戌	辛巳	8 日
			殷历		壬午	
			历差		1 日	
"奏岳"卜辞	《合》20398	前 1222 年武丁 29 年	实历	戊辰	丙戌	19 日
			殷历		丙戌	
			历差		0 日	

（"殷历"栏即卜辞所载冬至干支，"历差"指"殷历"相对"实历"的误差）

五、甲骨年代学讨论

"奏丘"卜辞中的贞人"扶"与自组"扶卜辞"中的贞人同为一人。过去曾把有"扶卜辞"的甲骨称为"扶片"，出土"扶卜辞"的甲骨坑称为"扶坑"[1]。董作宾先生因"扶卜辞"有称谓"父乙""母庚"[《殷墟文字甲编》（以下简称甲）2907]，认为应是武丁称呼其父小乙及小乙的法定配偶妣庚，将其时代初定为第一期武丁时

---

[1] 石璋如：《扶片的考古学分析》（上、下），《历史语言研究所集刊》1985 年 9 月第 56 本第 3 分。

期。但这类卜辞的字体、文法、事类、方国、人物等又与典型的武丁卜辞多不相同，故董先生最后改定为第四期文丁（卜辞称"文武丁"）时期，因文丁称呼其父武乙及配偶妣庚也叫"父乙""母庚"；又因在历法、祀典等方面与第一期卜辞很相似，董先生因而提出"文武丁复古"来解释。在《〈殷墟文字乙编〉序》中董先生指出1936年殷墟第十三次发掘在小屯宫殿宗庙区发现的特大型甲骨窖穴（YH127）中有一部分是"文武丁卜辞"，并提出新旧两派、旧派复古的说法[1]。岛邦男[2]、金祥恒[3]、许进雄[4]、严一萍[5]等坚持董说。此类卜辞先后被称为"文武丁卜辞"、"多子族""王族"卜辞、"非王卜辞"以及自、子、午组卜辞等，前辈学者对其年代有过激烈的争论。

陈梦家先生从1951年起在《燕京学报》上发表《甲

[1]　董作宾:《殷墟文字乙编序》,《中国考古学报》第4册, 1949年。

[2]　〔日〕岛邦男著, 濮茅左、顾伟良译:《殷墟卜辞研究》, 上海古籍出版社, 2006年, 第49页。

[3]　金祥恒:《论贞人扶的分期问题》,《董作宾先生逝世十四周年纪念刊》, 台湾艺文印书馆, 1978年。

[4]　许进雄:《甲骨上钻凿形态的研究》, 台湾艺文印书馆, 1979年, 第62页。

[5]　严一萍:《商周甲骨文总集》序, 台湾艺文印书馆, 1983年。

骨断代学》（后收入 1956 年出版的《殷墟卜辞综述》），提出按"贞人组"分类（分组）的方法，将董氏的"文武丁卜辞"分为自组、子组、午组，贞人扶属子自组。他把自组卜辞的称谓集中起来，发现有"父甲""父庚""父辛""父乙"等实即武丁对其父辈阳甲、盘庚、小辛、小乙的称谓，而"武丁卜辞的断代是以所称诸父甲、庚、辛、乙为上代的四王为基础的"，这与"正统派的王室卜辞"宾组卜辞相同，由此推断自组是武丁时代卜辞（武丁晚期）[1]。他还特别重视以坑位系联卜辞的方法，如 YE16 坑共出甲骨 299 片（《甲编》），是自组与宾组的混合；YH006 坑共出甲骨 276 片（《乙编》），是自组与子组的混合，且有少数宾组卜辞；YB119 坑共出甲骨 237 片（《乙编》），以自组为主，有宾组和子组的卜人；YH127 坑共出甲骨 17088 片（《乙编》），此坑没有扶卜辞，大多数为宾组，还有子组、午组和少数其他卜辞等等[2]。这些共存关系为所谓的"文武丁卜辞"划归武丁时期提供了考古层位学证据。

---

[1] 陈梦家：《殷墟卜辞综述》，科学出版社，1956 年，第 158 页。

[2] 陈梦家：《殷墟卜辞综述》，科学出版社，1956 年，第 148—149 页，第 156、158 页。

1953 年日本贝冢茂树、伊藤道治将"文武丁卜辞"分为"王族"和"多子族"卜辞，并定其年代为武丁时期[1]。受其影响李学勤先生提出"非王卜辞"的概念，但将年代定在帝乙时代[2]，后改为武丁时代。陈梦家的观点后来得到考古层位和同版卜辞两个方面的证实。如邹衡从 YH16、YH106 等自组、子组与宾组同出及其共存陶器与层位关系，推断自组、子组、午组年代为殷墟文化第一期，相当于武丁时期[3]。1973 年小屯南地科学发掘出土自组卜辞，肖楠认为属武丁晚期；刘一曼等认为含有自组卜辞地层的年代为小屯南地殷墟文化早期二段，属武丁前期[4]。郑振香、陈志达先生根

[1] 〔日〕贝冢茂树、伊藤道治：《甲骨文研究的再检讨——以董氏的文武丁时代之卜辞为中心》，《东方学报》第 23 册，京都 1953 年；收入《殷代青铜文化的研究》，京都大学人文科学研究所，1953 年。

[2] 李学勤：《帝乙时代的非王卜辞》，《考古学报》1958 年第 1 期。

[3] 邹衡：《试论殷墟文化分期》，《北京大学学报》（哲学社会科学版）1964 年第 4、5 期。

[4] 肖楠：《安阳小屯南地发现的"自组卜甲"——兼论"自组卜辞"的时代及其相关问题》，《考古》1976 年第 4 期；刘一曼、郭振禄、温明荣：《考古发掘与卜辞断代》，《考古》1986 年第 6 期；郭振禄：《小屯南地甲骨综论》，《考古学报》1997 年第 1 期。

据妇好墓的年代推断自组卜辞的年代为武丁早期[1]。在同版关系方面，饶宗颐、屈万里先生发现了宾、扶二贞人同版的现象[2]；姚孝遂先生揭示了子组和宾组共版的证据[3]；林沄先生找到"子卜辞"（子组、午组）与宾组、自组的同版关系等等，从而证实所谓的"文武丁卜辞"为第一期武丁卜辞，且为武丁早期[4]。

关于武丁以前的卜辞也一直在寻找和探索之中。董作宾先生《甲骨文断代研究例》分甲骨文为五期，第一期包括盘庚、小辛、小乙、武丁四王[5]。卜辞分类中有一类"自组大字扶类"卜辞，或者称为"宽扁"体

[1] 郑振香、陈志达:《论妇好墓对殷墟文化和卜辞断代的意义》,《考古》1981年第6期。

[2] 饶宗颐:《殷代贞卜人物通考》,香港大学出版社,1959年,第677页;屈万里:《殷墟文字甲编考释》自序,台湾联经出版社,1984年,第8页。

[3] 姚孝遂:《吉林大学所藏甲骨选释》,《吉林大学社会科学学报》1963年第4期。

[4] 林沄:《从子卜辞试论商代家族形态》,《古文字研究》第1辑,中华书局,1979年;后收入《林沄学术文集》,中国大百科全书出版社,1998年。

[5] 董作宾:《甲骨文断代研究例》,《庆祝蔡元培先生六十五岁论文集》(上册),《中央研究院历史语言研究所集刊》(外编第一种),1933年。

扶卜辞，贞人只有扶一人 [1]，这类"宽扁"的扶卜辞首先由胡厚宣先生分出，他认为可能是武丁以前盘庚、小辛、小乙之遗物 [2]。李学勤先生认为压在小屯北地的各坑只出扶卜辞，没有武丁时期标志性的"父乙""母庚"称谓，而有"阳甲"[《殷墟文字乙编》（以下简称乙）9075+9093]、"兄戊"（乙 9071）称谓；丙组基址下各坑出宽扁扶卜辞，早于乙组基址下 YH127 的宾组卜辞，因此可能是武丁以前的卜辞 [3]，此与胡厚宣先生的看法相类似。刘一曼等认为小屯南地 T53（7）层下早于殷墟一期的灰坑 H115 出土一片卜骨（屯南 2777）比自组卜甲年代要早，小屯早期殷墓 YM331 出土一片字骨（乙 9099），它们的时代早于武丁时期 [4]。李学勤、彭裕商《殷墟甲骨分期研究》第六章"武丁以前甲骨文字的探索"指出，YM331 填土中出有字骨一片（乙

---

[1] 李学勤、彭裕商：《殷墟甲骨分期研究》，上海古籍出版社，1996 年，第 62 页。

[2] 胡厚宣：《战后京津新获甲骨集》序要，上海群联出版社，1954 年；胡厚宣：《甲骨续存》序，上海群联出版社，1955 年。

[3] 李学勤：《小屯丙组基址与扶卜辞》，《甲骨探史录》，生活·读书·新知三联书店，1982 年。

[4] 刘一曼、郭振禄、温明荣：《考古发掘与卜辞断代》，《考古》1986 年第 6 期。

9099），被其打破的 YM362 填土中出正反有字甲一片
（乙 9023 —9024）、字骨一片（乙 9100），墓葬填土中
遗物的时代应早于墓葬（武丁或武丁前）本身；还有
后岗字骨一片（乙 9105），这些均为武丁以前的甲骨，
其特点是文字笔画一般比较粗，书体笨拙，近于自组
大字扶卜辞和郑州二里岗期的刻字牛骨[1]。

卜辞断代是以宾组为武丁卜辞作为标准和起点
的，故武丁前卜辞必须具有早于宾组卜辞的特征。刘
克甫先生认为自组大字类与宾组和花园庄卜辞不属于
一个系统，言外之意是无法比较其早晚，故自组大字
类卜辞并非殷墟最早的卜辞[2]。杨宝成先生列举了殷墟
若干早于武丁时期的墓葬、灰坑、宫殿基址等，认为
殷墟可能存在盘庚、小辛、小乙时期的甲骨文[3]。

黄天树先生把自组大字扶卜辞称为"自组肥笔
类"，他在《殷墟王卜辞的分类与断代》中指出自组
肥笔类中父戊、兄戊见于同一版（《合》20017＝乙

---

[1] 李学勤、彭裕商：《殷墟甲骨分期研究》，上海古籍出版社，1996 年，
    第 328—331 页。

[2] 刘克甫：《关于自组大字类卜辞年代问题的探讨》，《考古》2001 年
    第 8 期。

[3] 杨宝成：《试论殷墟文化的年代分期》，《考古》2000 年第 4 期。

169+407），说明兄戊和父戊应指同一时代不同的两个人，看不出自组肥笔类有早到武丁以前的迹象，其上限以定在武丁早期为宜，下限很可能延伸至武丁中期或中晚期之交[1]。

方述鑫先生对自组卜辞重新进行细致分类，并结合出土情况指出自组卜辞在武丁早期已出现，并延续到武丁晚期[2]。他把自组大字或宽扁扶卜辞称为"自组A群"，在《殷墟卜辞断代研究》中列举自组A群的出土地点和共存关系，认为看不出自组A群早于宾组和自组B群卜辞，说这种卜辞属于武丁以前，目前还缺乏足够的证据。他又列举小屯村北、村中和村南所出自组A群卜辞有父辛、父乙即小辛、小乙，以及小乙之配母庚，又有盘庚和阳甲，这些称谓说明自组A群卜辞只能属于武丁时代[3]。

彭裕商在《殷墟甲骨断代》列举自组大字类父乙、兄戊同版（《合》19943），父戊、父乙同版（《合》

[1] 黄天树：《殷墟王卜辞的分类与断代》，文津出版社，1991年，第17—20页、第22—23页。

[2] 方述鑫：《自组卜辞断代研究》，《古文字研究》第21辑，中华书局，2001年。

[3] 方述鑫：《殷墟卜辞断代研究》，文津出版社，1992年，第162—163页。

19946），父戊、兄戊同版（《合》20017），可见父戊、兄戊二者并非一人，由于有父乙的主要称谓，一般来说仍然是武丁时期的遗物。彭先生认为，小屯南地T53（4A）所出甲骨分类属于"自组小字类"，时代大致在武丁中期[1]。

　　有关学者对卜辞断代的研究成果多有综述[2]，上述关于自组大字类、肥笔类或宽扁体卜辞的时代，经过学术界讨论，基本否定了"文武丁"、帝乙及武丁以前诸说法，大多认同在武丁时期。此类卜辞与著名的卜人"扶"相联系，由于武丁在位59年，此人活动不大可能贯穿武丁全期，那么"扶"究竟是在武丁早期、中期或中晚期之际，还是晚期，学术界未能取得一致意见[3]，仅凭旧有的研究手段和方法似乎不能很好地解决问题。我们采用天象断代方法，根据"奏丘"与

---

[1]　彭裕商：《殷墟甲骨断代》，中国社会科学出版社，1994年，第48、51、78、81页。

[2]　朱凤瀚：《近百年来的殷墟甲骨文研究》，《历史研究》1997年第1期；王宇信：《甲骨学研究一百年》，《殷都学刊》1999年第2期；冯时：《中国古文字学研究五十年》，《考古》1999年第9期。

[3]　刘一曼、郭振禄、温明荣：《考古发掘与卜辞断代》，《考古》1986年第6期。

"奏岳"卜辞包含的冬至干支，断定与卜人"扶"相关的两个紧密相连的冬至年代为武丁二十八年（前1223年）和武丁二十九年（前1222年），证明黄天树、彭裕商先生关于自组卜辞的年代为武丁中期的判断是正确的。

本文提到殷历中的冬至、月朔和干支日序，是以"奏丘"和"奏岳"卜辞的冬至干支为事实依据，以小屯南地自组卜辞记载的月份干支为边界条件，基于寅正月序和年终置闰的基本设定而合理拟定的，并非依据战国古六历之殷历中的历元和四分历法数推排。我们认为本文拟定的殷历符合武丁时代的实际情况，可作为将来重新复原《殷历谱》的一个重要支撑。

以往卜辞断代主要依据董作宾先生开创的《甲骨文断代研究例》世系、称谓、贞人等"十项标准"，进而发展到共存陶器分期、碳14测年和日月食断代等，本文提出的冬至干支断代法，开辟了卜辞天象断代的新途径。

（原载《殷都学刊》2015年第3期，第6—11页）

殷墟花东"至南"卜辞的天象与年代

摘要：武丁时期的花东卜辞记载了一次"日出""至南"的占验过程。卜者提前二十天以甲日为旬首贞问在三旬还是二旬"至南"，实即提前二旬、三旬预测冬至。实测确定"日出至南"在三旬之后，即甲子冬至。查历表得到符合这一天象条件的绝对年代是武丁二年，公元前1249年。花东"至南"卜辞记载了一次非常罕见的天文观测活动，是目前已知最早测定冬至日的记载，为研究上古历法由"观象授时"向"推步制历"过渡提供了重要参考资料。

关键词：花东卜辞，至南，冬至日出，天象年代，武丁时期

历法起源于人类对天文、气象、物候和其他季节

性变化现象的观察和认识。根据观察实际现象来颁授
时节、制定历法，就是"观象授时"。当人们掌握了天
象与物候等变化的周期，以某一时节（如冬至）为起
点，预先推知将来的时节，这样制定出来的历法，就
是"推步历"。由观象到推步的变化，至晚从商代已经
开始，至东周"古六历"标志其完成。

殷墟花园庄东地甲骨第 290 片（H3：876）记载了
一次占验日出的过程（图 1），整理者认为这是殷人观
察天象的珍贵记录 [1]，我们认为这是关于一次冬至日出
的原始记录。中国历法由观象授时历到推步历法的转
变，这一演进的具体过程尚不清楚，花东卜辞关于冬
至日出天象的观察记录，为历法演进的过渡环节提供
了一个例证，具有科学意义，略论如下。

一、释文与句读

殷墟甲骨文显示商人大约已经掌握回归年长度的
周期，但对冬至日的确定还须依靠对具体天象的观测，

---

[1] 中国社会科学院考古研究所：《殷墟花园庄东地甲骨》（六），云南人
民出版社，2003 年，第 1681 页。

有证据表明这一天象就是冬至日出方位，它是所有日出方位中的最南点，文献记载为"南至"或"日南至"。《逸周书·周月》："惟一月既南至，昏昴毕见，日短极。"《左传·僖公五年》："春王正月，辛亥朔，日南至。"杜预注："周正月，今十一月；冬至之日，日南极。"孔颖达疏："日南至者，冬至日也。"《左传·僖公二十年》："春王二月己丑，日南至。"杜预注："是岁朔旦，冬至之岁也。当言正月己丑朔，日南至。时史失闰，闰更在二月后。"孔颖达疏："历之正法，往年十二月后宜置闰月，即此年正月当是往年闰月，此年二月乃是正月，故朔日己丑，日南至也。时史失闰，往年错不置闰，闰更在二月之后……日南至者，谓冬至也。冬至者，周之正月之中气。历法闰月无中气，中气必在前月之内。时史误以闰月为正月，而置冬至于二月之朔，既不晓历数，故闰月之与冬至悉皆错也。"杜注孔疏解释了何以《左传》会有正月、二月冬至，实际上相当于夏历的十一月（冬至月）。

殷墟卜辞把冬至称为"至南"或"日南"。殷墟花园庄东地甲骨第 290 片龟甲卜辞（以下简称"花东 290"）记载了一次日出"至南"的现象，如图所示

（图1）：

图 1　殷墟花东"至南"卜辞摹本与释文

兹按发问和记事顺序，分四句释文如下：

① 癸巳卜：自今三旬又（有）至南？弗霝？

② 三旬亡（无）其至南？

③ 二旬又（有）至？

④ 乞（迄）日出，自三旬迺至。

　　第①、第②句是对贞句，以龟甲版的中缝为界，右侧自左向右读，左侧自右向左读，就自今以后第三旬之内的日出方位是否"至南"正反发问；正问句还附问：不会下雨吧？反问句的句首"三旬"二字骑在中缝下。

　　第③句在反问句下，用界画与第②句分开，因对第三旬日出"至南"有疑问，于是改问：第二旬"至南"否？

第④句是验辞，记载"至南"日出是在第三旬之内。句首二字"乞（迄）日"紧接在第③句问话之后，表示是对前三问的应验之词，但原界划的区域不足以容纳验辞全句，故将验辞后部分"出自三旬迺至"移至第②句左侧，以界线区分之。

花东卜辞的考古学年代为武丁时期[1]，上述卜辞横写、错行和环绕书写的做法，见于武丁时期的"自组大字扶类"卜辞（贞人只有扶一人）[2]。花东290卜辞的第①、第②句两次出现"至南"一词，第③句"又至"，第④句"迺至"，显然也指"至南"，为叙述方便，下文简称本例卜辞为"至南"卜辞。

二、"日出"与"弗霝"

整理者将验辞句首二字"乞日"误释为"三日"，

[1] 刘一曼、郭鹏：《1991年安阳花园庄东地、南地发掘简报》，《考古》1993年第6期；刘一曼、曹定云：《殷墟花园庄东地甲骨卜辞选释与初步研究》，《考古学报》1999年第3期。

[2] 李学勤、彭裕商：《殷墟甲骨分期研究》，上海古籍出版社，1996年，第62页。

并与第③句"二旬又至"合并释为"二旬又三日至？"
这是不恰当的。因为根据卜辞文例，某癸日卜，一般
是"旬贞"卜辞，卜问紧接着的某甲日至下一癸日这
一旬之内的事项，一般问"旬无祸？"并不指称旬内
某个具体干支日有无祸患。至应验事件发生后，才在
验辞中指明"乞（迄）至某日"云云。即具体日期一般
出现在"旬贞"卜辞的验辞中，不会出现在其贞辞中。
按"二旬又三日至"释文，则是在贞问旬内某个具体
日期是否发生某事，这与一般"旬贞"卜辞的文例不
合。本例"至南"卜辞，先越过二旬，直接贞问第三
旬内是否有事，继而回过来贞问第二旬内是否有事，
因而仍属于"旬贞"卜辞，只可能就某旬发问，不可
能就旬内某日发问。

　　整理者将"日至"二字作为合文"晊"连读，有一
定的合理性，但如前述理由，它不能出现在贞辞中连
读，而应在验辞中连读。也就是说在验辞中借用了贞
辞中的"至"字，使"迄日出"可连读为"迄至日出"，
"迄至"是卜辞常用语，这就与一般旬贞卜辞中的"迄
至某日"相符合了。我们认为，可能正是为了便于借
字连读的缘故，才使验辞身首分离，出现了断句困难，

从而导致整理者误释。

经过我们改释后，在花东290"至南"卜辞的验辞中出现了"日出"一词，这是非常有意义的。它直接证明"至南"就是"日出至南"。根据卜辞大意，可断定自癸巳以后二十日内，日出方位是向南迤动的，"二旬"之日出，比癸巳日出要偏南许多，但卜辞并不认为已"至其南"，要等到"三旬"日出更偏南时，才认定"乃至"其南，这说明"至南"不是指一般的到达南方或者偏南，而是指日出方向所能到达的"南之至极"，也就是文献记载中的"日南至"，又叫"冬至"。

与"日出"相关的另一个词是"弗霝"。卜辞中的"霝"字，作人以手接雨状，此人或即巫师，故字或应释作"灵"。《说文》："霝，雨零也。从雨，吅象零（落）形。"按，"霝""灵"与"零"三字相通。《说文》引《诗·豳风》曰"霝雨其濛"，今本作"零雨其濛"。段玉裁《说文解字注》："'霝，雨零也。'零各本作零。……《定之方中》'灵雨既零'，《传曰》'零，落也。'零亦当作霝，霝亦假灵为之。《郑风》'零露溥兮'，《正义》'本作灵'。《笺》云'灵，落也。'灵落即霝落。雨曰霝霝，草木曰零落。"

《说文》："零，徐雨也。从雨令声。"许慎以"零"为形声字，实非，"零"字作上雨下令，令与灵义相通。《说文》："令，发号也。"段注："发号者，发其号呼以使人也，是曰令。……诗《笺》曰'令，善也。'按《诗》多言令，毛无传；《古文尚书》言灵，见《般庚》《多士》《多方》。《般庚正义》引《释诂》'灵，善也。'盖今本《尔雅》作令，非古也。凡令训善者，灵之假借字也。"可见"零"字本义实为巫师在雨中发令以呼风唤雨者。卜辞"弗霝"表示贞问"不会下雨吧？"其主观意图是不希望下雨，因为雨天就观测不到"至南"日出了。

三、日出方位授时的历史传统

《左传》僖公五年、昭公二十年有两次关于"日南至"的记载，据考查它们与实际冬至相差仅两至三天[1]，过去认为这是使用圭表测影来定冬至而得到的成

---

[1] 陈美东:《古历新探》第2章"冬至时刻的测定"，辽宁教育出版社，1995年，第52页。

果[1]。今据花园庄东地甲骨文的记载,它们应指日出方位到达最南点,是日出方位授时的结果。日出入方位的变化,在春秋分前后变化速度最快,冬夏至前后变化速度最慢,慢到肉眼难以辨别其微小位移,《左传》中的"日南至"出现两到三天的误差,殆即与此有关。但这是最简单而直接的观象授时方法,因而也是古代先民最早掌握的授时方法。

有关圭表测影的基本原理和定量方法,详细地记录在《周髀算经》一书中。相传西周初年周公向殷人商高学习"勾股术",以此术测得"地中"在洛阳,于是在此地建东都,日中立杆测影,所立之杆谓之"周髀";其下之地圭与冬至晷影等长,谓之"土圭"。土圭与周髀互为勾股。《周髀算经》载"周髀长八尺,勾(日影)之损益寸千里","冬至晷长一丈三尺五寸,夏至晷长一尺六寸",等等。圭表测影由于受到太阳半影及日光散射等影响,表杆的影端很难确定,而且表杆是否垂直、地圭是否水平,对测量结果都有很大影响,因而误差较大,后世屡有改进,才得以日臻完善。

---

[1] 中国天文学史整理研究小组编著:《中国天文学史》第5章"历法",科学出版社,1981年,第73页。

观测日出方位则不受这些影响，因之相比圭表法显得更加简便而准确。经验告诉我们，在同一地点观察，一年之中，太阳的出地（山）方位在一定的南北夹角范围内移动一个来回。如果仔细观察，就会发现，在白天最短的那一天，日出方位到达最南点，这就是冬至；而后日出方位转向北方移动，在白天最长的那一天，到达最北点，这就是夏至；而后又转向南方移动，回归最南点。当日出方位再次到达最南点时就是第二个冬至，两冬至之间是一个回归年。冬、夏二至是两个最重要的节气点，春、秋分位于它们的正中间，其他时节，亦可根据不同的日出方位依次划出。这就是根据日出方位来观象授时的基本原理。如此简单的授时原理和方法，十分便于原始先民理解和掌握。早期先民们应该首先掌握简单的方法，才符合历史逻辑。美洲土著霍比（Hopi）人观测日出方位，以确定冬至典礼的时间 [1]，就符合简单性原理。

近年来考古工作者在山西襄汾陶寺文化城址发现4100 多年前的古观象台遗迹，引起学术界巨大反响，

---

[1] 〔英〕米歇尔·霍金斯主编，江晓原等译：《剑桥插图天文学史》，山东画报出版社，2003 年，第 16—17 页。

有关专家初步认定此观象台主要根据日出方位以定时节 [1]。实地模拟观测表明,冬至日出的观测数据与理论计算符合得很好 [2]。这一方法还可以追溯到大汶口文化晚期的安徽含山凌家滩新石器时代文化,凌家滩墓地出土一件玉版,据研究玉版四隅的四个圭叶纹指向冬夏二至的日出入方向 [3],它可能与日出入方位授时有关。凌家滩玉版的发现,说明我国先民早在距今 5000 多年前,就已掌握根据日出方位确定时节这种简便的观象授时方法。安徽霍山戴家院遗址揭露出西周"圜丘"遗迹,模拟观测显示站在"圜丘"中央,观测到冬至那天的日出恰好在周围唯一山峰——复览山的唯

---

[1] 《山西襄汾县陶寺城址发现陶寺文化大型建筑基址》,《考古》2004 年第 2 期;《山西襄汾县陶寺城址祭祀区大型建筑基址 2003 年发掘简报》,《考古》2004 年第 7 期;江晓原等:《山西襄汾陶寺城址天文观测遗迹功能讨论》,《考古》2006 年第 11 期。

[2] 武家璧、何驽:《陶寺大型建筑 II FJT1 的天文年代初探》,《中国社会科学院古代文明研究中心通讯》2004 年第 8 期;武家璧、陈美东、刘次沅:《陶寺观象台遗址的天文功能与年代》,《中国科学 G 辑:物理学》2008 年第 38 卷第 9 期。

[3] 安徽省文物考古研究所:《安徽含山凌家滩新石器时代墓地发掘简报》,《文物》1989 年第 4 期,第 6 页;安徽省文物考古研究所编:《凌家滩玉器》,文物出版社,2000 年,第 125 页;武家璧:《含山玉版上的天文准线》,《东南文化》2006 年第 2 期。

一山凹中[1],这表明日出方位授时方法在西周时期依然存在。

即使进入推步历时代,日出方位授时在历法中仍然占有重要地位,例如云梦睡虎地秦简《日书》中有一份《日夕分》数据表,列举一年十二个月的"日"与"夕"各占的比例份数("日"与"夕"共十六分),如:十一月日五、夕十一,五月日十一、夕五,二月和八月日、夕各八。《论衡·说日》:"夫夏五月之时,昼十一分,夜五分;六月,昼十分,夜六分;从六月往至十一月,月减一分。"《论衡》所说的"昼夜分"就是秦简的《日夕分》。计算表明《日夕分》就是表示日出方向的地平方位角数据(地平经差)[2]。以上事实可以印证,卜辞"日出至南",就是冬至日出天象的观测记录,不仅符合原始历法的简单性原理,而且符合中国历史的文化传统。

---

[1] 武家璧、朔知:《试论霍山戴家院西周圜丘遗迹》,《东南文化》2008 年第 3 期。

[2] 武家璧:《论秦简"日夕分"为地平方位数据》,《文物研究》第 17 辑,科学出版社,2010 年。

四、卜辞"日至"为节气说

殷墟卜辞中是否有关于冬至的记载，以往学术界有争论。殷墟第十三次发掘出土一片刻于龟背甲下边的卜辞云："衰，五百四旬七日至，丁亥从，在六月。"该卜辞属于自组卜辞（董作宾甲骨第四期"文武丁卜辞"）。此片收入《殷墟文字乙编》（第15片）。早在20世纪40年代董作宾就指出这是"日至"的重要例证，所记"五百四旬七日"是卜辞的最高记日数字，"合于四分历一年半之岁实"，以此推知商人能够准确测出冬至和夏至[1]。《尧典》"期三百有六旬有六日"是太阳回归年近似周期的一种表示，唐兰先生以为《尧典》'期三百有六旬有六日'语盖与殷武丁时辞中纪日法相同"[2]。董先生著《殷历谱》专门编有《日至谱》，列举"《龟》1.22.1十《续》1.44.6"（《合》13740牛胛骨）和

---

[1] 董作宾：《"稘三百有六旬有六日"新考》，《中国文化研究所集刊》1941年第1集，第98—104页。

[2] 参见胡厚宣《甲骨文四方风名考证》一文所引，见《甲骨学商史论丛初集》（上册），齐鲁大学国学研究所，1944年，第376页。

"《乙》15"(《合》20843龟背甲）两版卜辞，分别指明为武丁日至和文武丁日至[1]。

50年代饶宗颐先生撰《殷代日至考》，增补若干条"至日"卜辞，申说其事[2]。七八十年代张政烺[3]、萧良琼[4]以及温少峰、袁庭栋先生[5]等都主张殷人已知二至。姚孝遂、肖丁在《小屯南地甲骨考释》中说"'至日'有可能即'日至'，商代于日月之运行，已有较为详细而深入之观测，应已具有'日至'之观念，并能加以预测"[6]。国外学者李约瑟、薮内清、哈特纳等都认为我国殷商时代已能测定分至[7]。

然而自董作宾撰《殷历谱》，唐兰先生即批评其

[1] 董作宾:《殷历谱》下编卷4《日至谱》，《中央研究院历史语言研究所专刊》，1945年；又见《董作宾全集·乙编》第7册，台湾艺文印书馆，1977年。

[2] 饶宗颐:《殷代日至考》，《大陆杂志》1952年第5卷第3期。

[3] 张政烺:《卜辞裒田及其相关诸问题》，《考古学报》1973年第1期。

[4] 萧良琼:《卜辞中的"立中"与商代的圭表测影》，《科学史文集》第10辑，上海科学技术出版社，1983年。

[5] 温少峰、袁庭栋:《殷墟卜辞研究——科学技术篇》，四川省社会科学院出版社，1983年。

[6] 姚孝遂、肖丁:《小屯南地甲骨考释》，中华书局，1985年，第150页。

[7] 中国天文学史整理研究小组编著:《中国天文学史》，科学出版社，1981年，第11页。

《日至谱》第一例（牛胛骨）"记某人之至"，第二例（龟背甲）为"残辞"，建议作者"不妨缺此一谱"[1]。80年代初常正光发表《殷历考辨》[2]一文，对商代已知冬夏二至的观点提出疑问。张玉金《说卜辞中的"至日""即日""畝日"》指出甲骨文中的"至日"是指到某个日子，不是"日至"（冬至、夏至）[3]。常玉芝查阅所能见到的全部殷墟甲骨卜辞，搜集到完整的或比较完整的带有"至"字的卜辞275版，逐一研究后否定了殷人已知二至的说法[4]。然而罗琨先生则得出相反的结论[5]。

如果说我们对卜辞中的"至日"及"日至"是否表示冬夏至尚存疑虑，那对"日南"或"至南"表示夏至就没有必要怀疑了。殷墟甲骨文中有一例"奏丘"卜

---

[1] 参见董作宾《殷历谱》后记所引唐兰信函。

[2] 常正光：《殷历考辨》，《古文字研究》第6辑，中华书局，1981年。

[3] 张玉金：《说卜辞中的"至日""即日""畝日"》，《古汉语研究》1991年第4期；又见《考古与文物》1992年第4期。

[4] 常玉芝：《卜辞日至说疑议》，《中国史研究》1994年第4期；又见宋镇豪、段志洪主编：《中国古文字大系——甲骨文献集成》卷32《天文历法》，四川大学出版社，2001年。

[5] 罗琨：《卜辞"至"日缕析》，《胡厚宣先生纪念文集》，科学出版社，1998年；罗琨：《"五百四旬七日"试析》，《夏商周文明研究》，中国文联出版社，1999年。

辞（《合》20975），可与"至南"卜辞（花东290）记述的冬至日出相印证，其辞云[1]：

壬午卜，扶，奏丘日南，雨？

其中"日南"就是"日南至"，即冬至。卜辞大意为：贞人扶在壬午这一天占卜，问道：举行奏丘仪式，迎接太阳南至，会下雨吗？贞人"扶"与自组"扶卜辞"中的贞人同为一人，属于武丁时期。"奏丘"卜辞与"至南"卜辞同样关注冬至那天是否下雨，道理是显然的，因为如果下雨就无法看到日出景观，"奏丘"仪式也就难以举行。

所谓"奏丘"就是冬至日奏乐于圜丘，举行祭祀天神的仪式。如《周礼·春官·大司乐》："凡乐，圜钟为宫，黄钟为角，大蔟为徵，姑洗为羽，雷鼓雷鼗，孤竹之管，云和之琴瑟，云门之舞，冬日至，于地上之圜丘奏之，若乐六变，则天神皆降，可得而礼矣。"又如《礼记·月令》："孤竹之管，云和琴瑟，云门之

---

[1]　胡厚宣:《甲骨文合集》第 7 册第 20975 片，中华书局，1999 年，第 2704 页。

舞，冬日至于上之圜丘奏之"（《渊鉴类函》卷16《岁时部·冬至》所引，今本《月令》无）。上引冬至日"于圜丘奏之"，是对卜辞"奏丘日南"最好的说明。以上所举"至南"和"奏丘"卜辞，不仅证明商代已经能够确定冬至日期，而且表明其方法是利用日出方位来实测确定的，关于商代是否有"日至"的争论，至此已基本可以定论。

五、"旬占"法

花东"至南"卜辞表示日出"至南"发生在"癸巳卜"之后的第三旬。第一旬自甲午至癸卯，第二旬自甲辰至癸丑，第三旬自甲寅至癸亥。验辞表示日出"至南"发生在甲子日，距离"癸巳卜"三十天。

"至南"卜辞在先询问"三旬亡（无）其至南？"之后紧接着询问"二旬又（有）至？"提前二十天或三十天预告冬至。验辞"三旬遁至"表明实际观测到的"至南"发生在三旬之后。这等于告诉我们"至南"卜辞的天象条件为"甲子冬至"，如下表（表1）：

表 1 "至南"卜辞的"三旬"

	1	2	3	4	5	6	7	8	9	10
一旬	甲午	乙未	丙申	丁酉	戊戌	己亥	庚子	辛丑	壬寅	癸巳卜 癸卯
二旬	甲辰	乙巳	丙午	丁未	戊申	己酉	庚戌	辛亥	壬子	癸丑
三旬	甲寅 甲子	乙卯	丙辰	丁巳	戊午	己未	庚申	辛酉	壬戌	癸亥

　　一般认为冬至时刻密近日出时刻，则称日出当天为"日至"。按"四分历"理论，把一日分成朝、昼、昏、夜四个部分，冬至时刻也分属这四个时段。假设某年的冬至时刻为某个甲日的清晨，那么两周年（730.5 日）后的冬至时刻必在甲日之黄昏，因为自某甲日晨到另一甲日晨为干支十甲的整数倍，再由甲日晨加半日为甲日昏。例如《夏商周断代工程》根据殷墟卜辞"五次月食"的年代，推断武丁在位 59 年为公元前 1250—前 1192 年[1]，查张培瑜《三千五百年历日天象》武丁元年（前 1250 年）前冬至为甲寅日清晨 6 时 40 分，武丁二年（前 1249 年）12 月（冬至月）冬至为甲子日傍

---

[1] 夏商周断代工程专家组：《夏商周断代工程 1996—2000 年阶段成果报告》（简本），世界图书出版公司，2000 年，第 57 页。

晚 18 时 17 分 [1]。如前所论，若殷人以武丁元年之"前冬至"在甲寅清晨，则必认定二年之"后冬至"在甲子黄昏。但问题是，实测得不到冬至时刻而只能得到日出时刻，最南日出对应的冬至时刻，既可在日出前半日之内，也可在日出后半日之内。即"至南"卜辞暗示的"甲子日出"，其对应的冬至时刻有可能在癸亥黄昏。

一般来说，冬至时刻并不正好等于日出时刻，导致甲寅日出最南的冬至时刻，既可以是甲寅黄昏，也可以是癸丑黄昏，只要它们距离日出时刻的时距在半日之内即可，至于是在日出前半日（癸丑）冬至，还是在日出后半日（甲寅）冬至，是无关紧要的，两者实际上是等价的，因为两者同样密近同一日出时刻。同样道理，导致甲子日出最南的冬至时刻，有可能是前半日的癸亥黄昏，而与这一冬至时刻等距离的日出最南之情况，有癸亥日出和甲子日出两种等价之可能，因为两者同样密近同一冬至时刻。总之，理论上存在一个冬至时刻，对应两个"日出至南"的日期，究竟

---

[1] 张培瑜：《三千五百年历日天象》，大象出版社，1997 年，第 891—892 页。

哪一个是真正的"日南至"日期，就需要实测来最终确定。花东"至南"卜辞碰到的正是这类情况。

理论上多次观测至南日出，就可以推算出相对准确的冬至时刻。从理论上推算冬至时刻，从实测上确定冬至日出，这是由观象历向推步历过渡的基本特征，商代正处于这一历法演进的过程之中，因而仍然坚持观测日出方位这一观象授时的早期方法，花东"至南"卜辞提供了一个很好的例证。进入推步历时代，正如孟子所说："天之高也，星辰之远也，苟求其故，千岁之日至，可坐而定也。"（《孟子·离娄下》）

六、"至南"卜辞的天象年代

殷墟花园庄东地甲骨全部出土于花园庄村东第三号灰坑（H3）中，整理者根据地层关系和共存陶器等，推断其年代为殷墟文化第一期晚段（武丁早期）[1]。我们以"甲子冬至"、武丁早期为两项约束条件，利用《夏商周断代工程》推荐的武丁年表（前 1250 —前 1192

---

[1] 中国社会科学院考古研究所:《殷墟花园庄东地甲骨》（一）前言，云南人民出版社，2003 年。

年在位），在张培瑜《中国先秦史历表》内搜索[1]，将武丁时期的冬至干支列如下表（表2）。

表2　商王武丁时期冬至干支表

武丁纪年	公元前	冬至干支	武丁纪年	公元前	冬至干支	武丁纪年	公元前	冬至干支
1	1250	己未	21	1230	甲辰	41	1210	己丑
2	1249	甲子	22	1229	己酉	42	1209	甲午
3	1248	己巳	23	1228	甲寅	43	1208	己亥
4	1247	乙亥	24	1227	庚申	44	1207	甲辰
5	1246	庚辰	25	1226	乙丑	45	1206	庚戌
6	1245	乙酉	26	1225	庚午	46	1205	乙卯
7	1244	庚寅	27	1224	乙亥	47	1204	庚申
8	1243	丙申	28	1223	辛巳	48	1203	乙丑
9	1242	辛丑	29	1222	丙戌	49	1202	辛未
10	1241	丙午	30	1221	辛卯	50	1201	丙子
11	1240	辛亥	31	1220	丙申	51	1200	辛巳
12	1239	丁巳	32	1219	辛丑	52	1199	丙戌
13	1238	壬戌	33	1218	丁未	53	1198	壬辰
14	1237	丁卯	34	1217	壬子	54	1197	丁酉
15	1236	壬申	35	1216	丁巳	55	1196	壬寅
16	1235	戊寅	36	1215	壬戌	56	1195	丁未
17	1234	癸未	37	1214	戊辰	57	1194	癸丑
18	1233	戊子	38	1213	癸酉	58	1193	戊午
19	1232	癸巳	39	1212	戊寅	59	1192	癸亥
20	1231	己亥	40	1211	癸未	廪辛	1191	戊辰

---

[1]　张培瑜:《中国先秦史历表》，齐鲁书社，1987年，第22—23页。

为便于观察，将武丁时期的冬至干支制作成散点图，其中"六十干支"用编号代替，以甲子为0，乙丑为1，丙寅为2……（图2）。

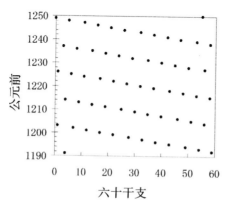

图2　武丁时期冬至干支散点图（甲子＝0）

从表2和图2可以看出，只有武丁二年（前1249年）"冬至甲子"严格符合"至南"卜辞的天象条件。另有两年［武丁二十五年（前1226年）、武丁四十八年（前1203年）］"冬至乙丑"与"冬至甲子"仅相差一天，理论上也有较大的可能性，分别属于武丁中期和晚期。其他年份的冬至干支与"至南"卜辞要求的天象相差三天以上，似可排除。

在上述三个年代中作适当选择，我们认为花东"至南"卜辞的绝对年代应该是武丁二年，公元前1249年。因为在历法上"甲子冬至"是一个比较理想的起算点，武丁即位之初恰巧碰上了这一难得的天象，必定非常重视，因此提前二十天即作出预告，以甲日为旬首在二旬、三旬之后进行实测确定，观测结果确证"日出至南"在三旬之后——"甲子冬至"。如此吉祥的天象，为武丁即位的合法性提供了强有力的天命支撑。如果这一事件发生在武丁中晚期，其统治已经非常稳固，未必能引起商王的高度重视，能否提前预告、届时实测就不能肯定了。再者，武丁在即位之初就已对冬至日进行了实测确定，其后根据已经掌握的回归年长度推定以后的冬至日期、届时举行相应的祭祀和庆祝活动就可以了，不必再行实测。"奏丘"卜辞就是这类庆祝活动的一个例子。

总而言之，花东"至南"卜辞记载了一次非常罕见的天文观测活动，是目前已知最早测定冬至日的记载，为研究上古历法由"观象授时"向"推步制历"演进提供了重要参考资料，这在天文历法史乃至整个科学史上都具有非常重要的意义。

（原载《殷都学刊》2014年第1期，第9—14页。收入本书有删改）

周公庙"肜祭"卜辞及其天象与年代

　　由北京大学考古学研究中心、古代文明研究中心编辑出版的《古代文明》第 5 卷发表了陕西岐山县周公庙遗址的考古调查报告，介绍了新出土的两片龟背甲卜辞[1]，并登载了李学勤[2]、葛英会[3]、李零[4]、冯时[5]、董珊[6]诸先生对卜辞的考释文章。调查报告指出两片

[1] 周原考古队：《2003 年陕西岐山周公庙遗址调查报告》，《古代文明》第 5 卷，文物出版社，2006 年。

[2] 李学勤：《周公庙遗址祝家巷卜甲试释》，《古代文明》第 5 卷，文物出版社，2006 年。

[3] 葛英会：《谈岐山周公庙甲骨》，《古代文明》第 5 卷，文物出版社，2006 年。

[4] 李零：《读周原新获甲骨》，《古代文明》第 5 卷，文物出版社，2006 年。

[5] 冯时：《陕西岐山周公庙出土甲骨文的研究》，《古代文明》第 5 卷，文物出版社，2006 年。

[6] 董珊：《试论周公庙龟甲卜辞及相关问题》，《古代文明》第 5 卷，文物出版社，2006 年。

龟背甲属于同一个体，笔者观察有两条卜辞位于背甲的同侧边缘，书写方向上下相对，其内容就祭祀"遘神"一事正反发问，属于对贞卜辞（图1）。兹在前述学者研究基础上，试作考论如下。

一、释文

整个卜辞只有前辞和贞辞两部分，没有占、验辞，内容是周王在肜祭之日卜问神来之时，是否"克遘于宵"，并正反发问，其辞曰：

> ①五月既死霸壬午，肜祭，虡（献）緜，使占者（诸）来，叵（厥）至，王叀（其）克遘于宵？
> ②……叀（其）妹（未）克遘于宵？

前辞中月份、月相及干支俱全，实为卜辞所仅见。此例可见传至晚周的月相辞为先周传统而不见于殷商。前辞记肜祭献牲之后占问神来之事，贞辞问王能否遘神于宵？大约是问晚间能否遇见神来。对贞反问句的前辞承前省。"叀"字训语气词"其"，从李学勤先生释。

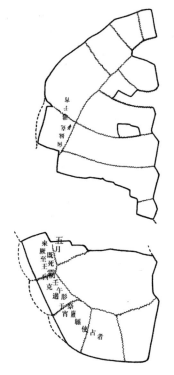

图1　周公庙龟背甲对贞卜辞示意图

二、肜祭

卜辞表示祭名的字照片不清，摹本作彡，李学勤释"行",葛英会、冯时释"永",李零、董珊释"衍"。细省摹本,似从彳,从永省,当释"肜"。殷墟卜辞有一贞人名从彳、从永[1],概即此字。《尚书·高宗肜日》孔安国《传》曰:"祭之明日又祭,殷曰肜,周曰绎。"孔颖达《正义》"禘祫与四时之祭,祭之明日皆为肜祭";又引"《释天》云'绎,又祭也;周曰绎,商曰肜。'孙炎曰'祭之明日寻绎复祭也。'"卢岩、葛英会先生认为,"肜夕""肜日""肜龠"是肜祭前日、当日、次日的仪节[2],可知"肜祭"是"祭之又祭",非一日之功。

周公庙"肜祭"卜辞献牲于先,卜问来日是否"遘于宵"在后,与殷墟卜辞周祭五种祀典中的"彡日"之祭不同,亦非一般"绎祭",而应归入"四时之祭"或某种"迎气"之祭。《尚书·尧典》"敬致日永,星火,以正仲夏",就是夏至"迎气"之祭,周公庙卜辞的"肜祭",就是仲夏之祭,或因"日永"之故,祭名之字从"永"。

---

[1] 罗振玉:《殷墟书契前编》三·二八·五片,《甲骨文研究资料汇编》第 2 册,北京图书馆出版社,2008 年。

[2] 卢岩、葛英会:《关于殷墟卜辞的肜祭》,《故宫博物院院刊》2000 年第 2 期。

周公庙"肜祭"卜辞记载的不是一般的日常祭祀，而是一次非常重要的祭祀活动，因为壬午是绎祭，正祭在辛巳，符合郊祀用辛日的规定，故本次"肜祭"是一次夏季郊祀活动的重要组成部分，而记载卜辞的龟背甲则是这次重要活动留下的珍贵遗物。

三、献䌛

"䌛"字摹本作🐾，以绳系长发女子状。原本是族名，《班簋》载毛公"秉䌛、蜀、巢令"，《左传·定公四年》分康叔"殷民七族"中有"繁氏"，刘向《列女传》"弓工妻者，晋繁人之女也"。殷墟甲骨文中的羌字作以绳系羌人状，羌人常作为祭品；此䌛人也应是祭品，特指女性人牲。《师虎簋》"司左右戏䌛刑"，"刑"指刑徒，"䌛"指女奴，师虎的职司就是辅佐祭祀献人牲。

䌛前一字摹本作🐾，细省照片，唯所从卄底清楚，其上似为一豆形器，上下合而作升豆形，疑即登字；余部似从虍、人，即虎字，《说文》"从虍从儿，虎足象人也"。《篇海》"儿，古人字，虎足象人，故从人；从几，误"。《字鉴》"从虍从几，几偏旁人字"。《说文》

有一字从虎、登省，殆即此字，其云"盧，古陶器也，从豆，虍声。"《诗经·大雅·生民》"卬盛于豆，于豆于登"，郑《笺》"祀天用瓦豆，陶器质也"。

《周礼·司尊彝》"其朝践用两献尊"，郑玄《注》"郑司农云'献'读为'牺'"；《释文》"'两献'本或作'戲'"。《集韵》"献"字条引"郑司农说，本作牺，或作戲"。商承祚《殷契佚存》谓"献"字本应从虎，"后求其便于结构"，误作从犬。孙诒让《周礼正义》"牺戏声近，故或本作'戏'，以别于诸'献'字也"。朱骏声《说文通训定声》"献"字条"按传写借'戲'为'盧'，又误'戲'为'獻'也"。按，朱说甚是，盧、戲、獻可通，卜辞"盧緐"当作献牲解。

四、占诸来厥至

或谓"来"字前有缺字，当释为"使占者（诸）□来，耑（厥）至"，然细省显微照片，"来"字前空白处未发现上字残笔，似应与下文连读为"占诸来，厥至"。《说文》："来，周所受瑞麦来麰，一来二缝，象芒束之形。天所来也，故为行来之来。《诗》曰'诒我来麰'。"

段玉裁《注》:"自天而降之麦,谓之来麰,亦单谓之来。因而凡物之至者皆谓之来,许意如是。……如许说,是至周初始有来字,未详其恉。"《康熙字典》:"抚其至日来。"

今按周公庙卜辞"来"与"至"互文,是为行来之"来"。考虑到卜辞的"肜祭"可能与"敬致日永"有关,故"来至"者当是与夏至有关的季节神。长沙子弹库出土楚帛书《时日》篇把季节神称为"四神",笔者认为就是《尚书·尧典》所载的羲仲、羲叔、和仲、和叔等四神[1],周公庙卜辞中的"来神",应该是"宅南郊……敬致日永"的羲叔。本辞占问夏至(日永)之神羲叔是否到来,其至之夜是否可遇见来神。

五、克遘于宵

卜辞"遘"字显微照片不甚清晰,摹本作 ⚹、⚹,近是;所从之"辵"无疑,余部一似两鱼以口相对形,

---

[1] 武家璧:《楚帛书〈时日〉篇中的天文学问题》,《考古学研究(九)——庆祝严文明先生八十寿辰论文集》(下),文物出版社,2012年。

另一作三鱼相遇之形。两鱼相对即"蕭"字。《说文》："遘,遇也,从辵,蕭声。"李孝定《甲骨文字集释》蕭"疑象二鱼相遇之形,为遘遇之本字,从辵作遘者,其繁文也"。徐中舒《甲骨文字典》蕭"象两鱼相遇之形,以会遘遇之意"。《易·姤卦》《释文》"姤,薛云古文作遘,郑同"。《伦语·八佾》"祭如在,祭神如神在"。只有"神在"或者"神来"方可与之"遘"。"克遘于宵"明言遘神在夜晚。

遘神在甲骨、金文中常见,如"在九月遘上甲裸,唯十祀"(《合》36482);"在十月,遘大丁翌"(《合》36511);"甲寅贞,伊岁遘大丁日"(屯南1110);《二祀邲其卣》"在正月,遘于妣丙肜日太乙奭,唯王二祀";《肆簋》"在十月,佳王廿祀诩日,遘于妣戊武乙奭"。上述遘神发生在裸祭、翌祭、肜祭、诩祭等不同祭祀场合,所遘对象均为先祖先妣,据此推测能否"遘神"大约是祭祀是否成功、祖先是否福佑的关键,故要反复贞问。

《春秋·宣公八年》六月"辛巳,有事于太庙……壬午,犹绎"。查张培瑜《三千五百年历日天象》宣公八年(前601年)鲁历六月丁酉朔,夏至辛丑为五日[1]，月内无辛巳、壬午，故可能张表失闰一月，应是七月（闰六月）丁卯朔，辛巳、壬午为十五、十六日（方望、既望），则宣公八年太庙正祭为"辛巳"，绎祭延至次日"壬午"，且祭祀在望日举行。巧合的是，周公庙卜辞"肜祭"也在壬午日，这可能与祭祀择吉日有关，而"既望"和"既死霸"应是适合举行此类祭祀活动的月相。

关于月序，《逸周书·周月》云："夏数得天，百王所同，……亦越我周王，致伐于商，改正异械，以垂三统，至于敬授民时，巡守祭享，犹自夏焉，是谓周月，以纪于政。"此谓周朝改正朔后，祭祀用月名仍用夏历。周公庙卜辞与先周文化共存，可能是周朝未改正朔之前的遗物，应与《诗经·豳风·七月》中的夏历月序相同，故在正常（不失闰）情况下其"五月"当是夏至月。

---

[1]　张培瑜：《三千五百年历日天象》，大象出版社，1997年，第15、904页。

六、卜辞的节气限制

前文已述，周公庙"肜祭"卜辞的"肜"字从彡从永，应与夏至"日永"有关，则卜辞"五月"必定是夏至月，且夏至发生在"既死霸壬午"的来日。又"壬午肜祭"是一种绎祭，其正祭在前一日辛巳，此即文献所谓的"先甲三日"——甲申前三日是辛巳日。

《周易·蛊卦》："蛊，元亨，利涉大川。先甲三日，后甲三日。"《周易集解》卷5引《子夏传》云："先甲三日者，辛壬癸也；后甲三日者，乙丙丁也。"揆其原意，应是一种"选择"（择吉日）术，然汉儒多将"先甲""后甲"与颁布政令相联系。《周易集解》卷5引马融曰："言所以三日者，不令而诛谓之暴，故令先后各三日，欲使百姓遍习，行而不犯也。"《周易郑康成注》："《蛊》'先甲三日，后甲三日'。甲者，造作新令之日；先之三日而用辛也，欲取改过自新之义；后之三日而用丁也，取其丁宁之义。"《汉书·武帝纪》"《易》曰'先甲三日，后甲三日。'"颜师古《注》引应劭曰："先甲三日，辛也；后甲三日，丁也。言王者斋戒必自新，临事必自丁宁。"唐孔颖达《周易正义》曰："'甲'者造作新令之日；甲前三日，取改过自新，故用辛也；甲后三日，取丁宁之义，故用丁也。"

然而"先甲""后甲"实际上是郊祀择吉日的一个成规，与政令无关。《春秋经·哀公元年》："夏四月辛巳，郊。"《谷梁传》："郊自正月至于三月，郊之时也。夏四月郊，不时也。五月郊，不时也。……子不忘三月卜郊，何也？自正月至于三月，郊之时也。我以十二月下辛卜正月上辛；如不从，则以正月下辛卜二月上辛；如不从，则以二月下辛卜三月上辛；如不从，则不郊矣。"晋范宁《注》："郊必用上辛者，取其新洁莫先也。"由此知郊祀可分"春郊"和"夏郊"两类，并皆在每月上旬的辛日（上辛）举行。鲁宣公八年六月既望辛巳"有事于太庙"，因非郊祀，虽祭日用辛，但不在上辛。

《礼记·月令》："孟春之月……天子乃以元日，祈谷于上帝。"郑玄《注》："谓以上辛郊祭天也。"《礼记·郊特牲》："郊之用辛也。"《春秋繁露》卷14："必以正月上辛日先享天。"《史记·乐书》："汉家常以正月上辛祠太一甘泉，以昏时夜祀，至明而终。"《汉书·礼

乐志》："至武帝定郊祀之礼，……以正月上辛用事甘
泉圜丘，使童男女七十人俱歌，昏祠至明。"《白虎通·阙
文》："祭日用丁与辛何？先甲三日，辛也；后甲三日，
丁也，皆可以接事昊天之日。"《后汉书·礼仪志上》：
"正月上丁，祠南郊。"刘昭《注补》："《白虎通》曰：《春
秋传》曰'以正月上辛'；《尚书》曰'丁巳用牲于郊，
牛二'。先甲三日，辛也；后甲三日，丁也，皆可接事
昊天之日。"综上可知，正月上辛郊祀的对象是"昊天
上帝"。

　　然而"夏郊"可能与"迎气"有关。《尚书·尧典》
载："申命羲叔，宅南郊，平秩南讹，敬致。日永星火，
以正仲夏。"《礼记·郊特牲》："郊之祭也，迎长日之
至也，大报天而主日也。兆于南郊，就阳位也。……
郊之用辛也，周之始郊，日以至。"这里的郊祀祭天，
变成以祭日神为主，即祭"上帝"改为祭太阳神。《郊
特牲》的"南郊""长日""日至"与《尧典》的"南郊""日
永""仲夏"实际相同。

　　关于郊祀活动的记载，《左传·僖公三十一年》"夏
四月四卜郊"，晋杜预《注》"诸侯不得郊天，鲁以周
公故，得用天子礼乐，故郊为鲁常祀"。因此之故，《春

秋》经中有九次关于鲁国郊祀的记载。《谷梁传·哀公元年》晋范宁《注》"《春秋》书郊终于此",唐杨士勋《疏》"凡书郊皆讥。范例云书郊有九：僖三十一年'夏四月四卜郊，不从，乃免牲，犹三望'，一也；宣三年'郊牛之口伤'，'改卜牛，牛死乃不郊，犹三望'，二也；成七年'鼷鼠食郊牛角'，三也；襄七年'夏四月三卜郊，不从，乃免牲'，四也；襄十一年'夏四月四卜郊，不从，乃不郊'者，五也；定公、哀公并有牲变，不言所食处不敬莫大，二罪不异并为一物，六也；定十五年五月郊，七也；成十七年'九月用郊'，八也；及此年'四月辛巳郊'，九也。"

《春秋》鲁定公十五年（前495年）"夏五月辛亥郊"，查公元前495年鲁历，该月（夏至月）辛亥朔，是朔日为先甲三日之上辛日；后甲三日之丁巳为实历夏至[1]，故此知夏五月上辛日郊祀，实为"迎气"之祭，相当于《尚书·尧典》所载"宅南郊……敬致。日永星火，以正仲夏"。因为郊祀必须在上辛日举行，如果"气至"不能与"上辛"齐同，则不能在气至当日举

---

[1]　张培瑜：《三千五百年历日天象》，大象出版社，1997年，第25、907页。

行迎气之祭；但如果气至日与上辛日很靠近，即不出先甲三日、后甲三日之内，那么郊祀与迎气就合而为一了，此类祭祀汉以后演变为"五郊迎气"之祭。周公庙卜辞的"五月既死霸壬午，肜祭"，与定公十五年的"夏郊"，具有同样性质，其夏至日应在上辛日附近，不出先甲三日、后甲三日之内。

凡行礼与祭祀有"先三日致斋"之说。如《仪礼·士冠礼》："前期三日筮宾，如求日之仪。"这里的"求日"即是择吉日。《春秋繁露·求雨》："春旱求雨……皆斋三日。"《礼记·月令》《吕氏春秋·十二纪》载"迎气"之祭："先立春三日，太史谒之天子曰'某日立春，盛德在木。'天子乃斋。立春之日，天子亲率三公九卿诸侯大夫，以迎春于东郊；还乃赏公卿诸侯大夫于朝。"其他如立夏、立秋、立冬等都是先三日斋戒，气至日迎气。

《史记·天官书》记载一种"悬炭称土重"以判别气至的经验方法，曰："冬至短极，县土炭，炭动……略以知日至，要决晷景。"《集解》："孟康曰'先冬至三日，县土炭于衡两端，轻重适均，冬至日阳气至则炭重，夏至日阴气至则土重。'晋灼曰'蔡邕《律历记》：

候钟律权土炭，冬至……土炭轻而衡仰，夏至……土炭重而衡低。进退先后，五日之中。'"准此则冬夏至先三日"悬土炭"，结合"晷影"测量，所定"日至"不出五日之中。周公庙卜辞的"壬午肜祭"很可能是夏至"先三日"或"先甲三日"的一部分，这暗示夏至日当在甲申前后三日之中。由此我们得到计算该卜辞年代的一个节气限制条件。

七、卜辞的月相条件

仅有节气限制条件还难以确定卜辞的天象年代，所幸该卜辞还提供了月份和"既死霸"月相，这使我们有可能得到另一个与朔望有关的限制条件，依此两个条件从而可在一定的年代范围内求得卜辞天象的唯一年代。

然而金文月相辞除"既望"可以确定在望后一日以外，其他如"初吉""既生霸""既死霸"等迄今未能明确其含义。王国维曾创"四分月相说"曲为解释，学界多倾向"定点月相说"，然没有一种"定点说"能圆满解释大多数金文材料。笔者曾听古历法专家、先师陈美东先生说，目前解决金文月相问题的条件还不具备，因为出土材料本身没有连续历日足以得出月相的确切含义，已有的月相辞解释都是一些假设，只有等待出土材料足够丰富以后，这个问题才能最终解决。笔者曾经尝试用"明生霸死""明死霸生"的思路来解释金文月相辞，认为"既死霸"就是望日[1]。

文献对"生霸""死霸"有两种截然相反的说法：

1."朔后死霸"说

"《尚书·武成》'惟一月壬辰旁死霸'"，孔安国《传》"月二日近死魄"；孔颖达《疏》"魄者形也，谓月之轮廓无光之处名魄也"。《释文》"'魄'《汉书·律历志》作'霸'"。《汉志》引《武成》颜师古《注》"孟康曰'月二日以往，月生魄死，故言死魄。魄，月质也。'师古曰'霸，古魄字同。'"。关于"霸"字，《说文》"霸，月始生霸然也"，段玉裁《注》"'月始生魄然也'，'霸''魄'叠韵……汉志所引《武成》《顾命》皆

---

[1] 武家璧：《"懿王元年天再旦"与金文历朔互证》，《远望集——陕西省考古研究所华诞四十周年纪念文集》（上），陕西人民美术出版社，1998年；武家璧：《观象授时——楚国的天文历法》，湖北教育出版社，2001年，第126页。

作'霸'，后代'魄'行而'霸'废矣"。《逸周书·世俘解》"越若来二月既死魄"，晋孔晁《注》"朔后为死魄"。

与"朔后死魄"等价的是"望后生魄"说。《尚书·武成》"既生魄"孔安国《传》"魄生明死，十五日之后"。《汉书·律历志》载刘歆《三统历·世经》"死霸，朔也；生霸，望也"。《尚书·康诰》"惟三月哉生魄"，孔《传》"周公摄政七年三月始生魄，月十六日，明消而魄生"。关于"哉"字，《尚书·武成》"哉生明"《释文》"哉，徐音载"。《尔雅·释诂》"哉，始也"。宋邢昺《疏》"哉者，古文作才。《说文》云'才，草木之初也'，以声近借为哉始之哉"。《诗·大雅·文王》"陈锡哉周，侯文王孙子"。《左传》宣公十五年、昭公十年、《国语·周语》引此皆作"陈锡载周"。郑玄《笺》云："哉，载；……哉，始。"唐陆德明《经典释文》"哉如字，毛'载也'，郑'始也'，《左传》作'载'。本又作'载'"。《尔雅·释天》郭璞《注》"载，始也"。

按《召诰》及孔《传》可知周公摄政七年三月丙午朏（3日）至"戊午（15日）社于新邑"，《康诰》"惟三月哉生魄，周公初基，作新大邑于东国洛"，孔颖达《疏》曰"始生魄，月十六日戊午，社于新邑之明日"。孔《传》

将《召》《康》两诰有关"新邑"之事系于同年，因此得出望后始生魄的结论。张衡《灵宪》"月光生于日之所照，魄生于日之所蔽"。月光遮蔽发生在月望之后，故张衡实际主张魄生于望后。《尚书·顾命》"惟四月哉生魄"孔颖达《疏》"明死魄生，从望为始，故始生魄为月十六日，即是望之日也"。《汉书·律历志下》："（成王）三十年四月庚戌朔，十五日甲子哉生霸。"此历日符合"望后生霸"说。

宋陈澔《礼记集说·乡饮酒义》注引"刘氏曰'以月魄思之，望后为生魄，然人未尝见其魄，盖以明盛则魄不可见。月之魄可见，惟晦前三日之朝，月自东出，明将灭而魄可见；朔后三日之夕，月自西将坠，明始生而魄可见；过此则明渐盛而不可复见矣。盖明让魄则魄见，明不让则魄隐。'"陈澔注引晋刘昌宗说，将"望后生魄"的道理阐述得最为透彻。

2."朔后生霸"说

《礼记·乡饮酒义》"月者三日则成魄"。孔颖达《疏》"谓月尽之后三日乃成魄。魄，谓明生傍有微光也，此谓月明尽之后而生魄"。班固等《白虎通·日月》

"月三日成魄，八日成光"。许慎《说文解字》"霸，月始生霸然也，承大月二日，小月三日"。《尚书·康诰》"惟三月哉生魄"，《经典释文》引马融《注》"魄，朏也，谓月三日始生兆朏，名魄"。《汉书·王莽传上》载元始四年（公元 4 年）"公以八月载生魄庚子奉使"。查历表公元 4 年八月己亥朔[1]，庚子为二日，符合"朔后生霸"说。

与"朔后生霸"等价的是"望后死魄"说，杨雄《法言·五百》"月未望则载魄于西，既望则终魄于东，其朔于日乎？"晋李轨《注》"载，始也"。故杨雄之"既望终魄"就是"望后死魄"。

综上所述，杨雄、班固、许慎、马融等遵《礼记》"三日成魄"之义，孔安国、刘歆、张衡等擅《书传》"明死霸生"之意，各自立说，未知孰是。王莽弃刘歆而用杨雄之说，竟以庚子二日为"始生魄"施行于当时。故仅靠文献实难判定汉儒解经谁是谁非，我们验之以铜器铭文，《晋侯苏钟》"二月既望癸卯……二月既死霸壬寅"，壬寅为癸卯前一日，这里用倒叙法将壬寅

---

[1] 张培瑜：《三千五百年历日天象》，大象出版社，1997 年，第 96 页。

置于癸卯之后，则"既死霸"在"既望"前一日，就是
望日。朔后望前是"明生霸死"阶段，而望日是"死霸"
完毕之日，故曰"既死霸"[1]。据此我们认定周公庙卜辞
"五月既死霸壬午"为夏至月之望日。

八、卜辞的天象年代

周公庙卜辞"五月既死霸壬午"给出了月份、月
相和干支三项条件，加上夏至节气的限制条件，就可
以适用"节气月相"断代法，判定卜辞的天象年代。

依据文献记载，郊祀可与迎气合并举行，其条
件是"气至"近于甲日（先甲三日、后甲三日），且
"先甲三日"为上辛日，以合"郊用上辛"之成规。故
此周公庙卜辞的"肜祭"实际上基于一次非常难得的
天象——夏至在甲申前后、望日（既死霸）在壬午之
吉日。

上述"节气月相"条件，须置于一定的年代范围

[1] 武家璧:《"懿王元年天再旦"与金文历朔互证》,《远望集——陕西
省考古研究所华诞四十周年纪念文集》(上),陕西人民美术出版社,
1998年。

内查找相应年代，此一年代范围由考古工作给出。周公庙卜甲发现于该遗址 C10 地点的引水渠沟西壁剖面上，考古工作者对该剖面进行了清理，自第④层开始属于一大型灰坑，两片卜甲包含于第④层内，徐天进先生等"根据地层的叠压关系及各层所出陶片的年代特征，初步判断第④层的年代至迟不会晚于西周早期，或有早至商代晚期的可能"[1]。笔者根据这一基本判断，将年代范围定于西周早期至商代晚期的 100 年内，又夏商周断代工程将商周的分界——武王伐纣年定为公元前 1046 年 [2]，参照此标准将早周晚商限定在公元前 1100 年至前 1000 年内。

依上述条件查找张培瑜《三千五百年历日天象》，制作商末周初百年内的夏至节气和月望干支散点图（图 2），从图上立即看出只有公元前 1051 年的望日与夏至非常靠近，并在"先甲三日"之内，且月望（既死霸）密近壬午，故该年是商周之际百年内符合"节气

[1]　周原考古队：《2003 年陕西岐山周公庙遗址调查报告》，《古代文明》第 5 卷，文物出版社，2006 年，第 160 页。

[2]　夏商周断代工程专家组：《夏商周断代工程 1996—2000 年阶段成果报告》（简本），世界图书出版公司，2000 年，第 46—49 页。

月相"条件的唯一年份。

公元前

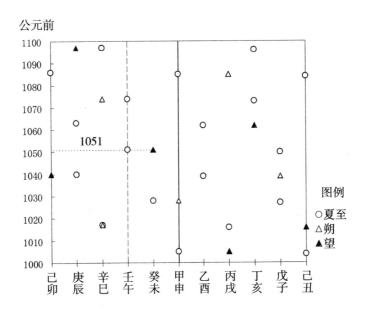

图 2　周公庙卜辞"节气月相"断代示意图

按张培瑜《三千五百年历日天象》，公元前 1051
年实历夏至在壬午 22 时 6 分[1]，即当晚的上半夜，这
完全符合肜祭"日永"、遭神于宵的含义。又该月实望

---

[1]　张培瑜:《三千五百年历日天象》，大象出版社，1997 年，第 895 页。

癸未 6 时 32 分 [1]，实际上在壬午当晚的下半夜，故可以认为夏至、月望同时发生在壬午夜间，即 "气望齐同"。这与四分历蔀首的 "气朔齐同" 具有同样性质，是十分罕见的天象。

九、余论

周公庙卜辞的 "肜祭"，是一次郊祀与迎气合并举行的祭祀活动，"国之大事在祀与戎"，因此在当时是政治生活中的重大事件。有关郊祀迎 "日至" 的记载，集中见于《礼记·郊特牲》：

> 郊之祭也，迎长日之至也，大报天而主日也。兆于南郊，就阳位也；扫地而祭，于其质也；器用陶匏，以象天地之性也。于郊，故谓之郊。牲用骍，尚赤也；用犊，贵诚也。郊之用辛也，周之始郊，日以至。卜郊，受命于祖庙，作龟于祢宫，尊祖亲考之义也。

---

[1] 张培瑜:《三千五百年历日天象》，大象出版社，1997 年，第 497 页。

这里所说的"郊祭"并非汉儒解释的"春郊"而是"夏郊",而且就是"夏至"节日的"迎气"之祭。其文本自身已表明该郊祀:第一,迎"长日至"。第二,祭祀"主日"。第三,兆于南郊,这与《尧典》"宅南郊……敬致日永"并无二致。

综前所述,周公庙卜辞"肜祭"符合"夏郊"的结论,主要基于如下理由:

(1)祭名从彡从永,与夏至"日永"有关;

(2)古历五月是夏至月;

(3)郊祀用上辛,壬午是绎祭,而"夏郊"就是夏至"迎气"之祭;

(4)卜郊择日,按《月令》为"先三日",按《易》为"先甲三日",故"气至"在甲申前后。

除上述理由外,还有以下诸端可作有力旁证:

(1)卜辞发现地点周原遗址距离文王沣都有百里之遥。《尔雅·释地》"邑外谓之郊";《说文》"距国百里为郊";《周礼·载师》郑玄《注》"五十里为近郊,百里为远郊"。如此看来,周原正好是沣都的"远郊",这符合郊祀地点"于郊故谓之'郊'"的说法。

(2)周原是周族祖先的宗庙所在,《郊特牲》云:"卜郊，受命于祖庙，作龟于祢宫。"故周公庙卜辞是"卜郊"之辞，此龟甲制作于"祢宫"。《说文》"祢，亲庙也"；《增韵》"父庙曰祢"；《公羊传·隐公元年》"隐之考也"，何休《注》"生称父，死称考，入庙称祢"。故周公庙卜龟制作于文王之父季历的"祢宫"。

（3）周公庙遗址发现的众多卜甲碎片中发现有"王季"的称呼，可知季历的"祢宫"就在附近。且"王季"既已称王，文王称王当不在话下，故卜辞"王其克遘于宵"中的"王"就是周文王。

（4）按郊祀"昏祠至明""以昏时夜祀至明而终"的习惯，则王与来神只能"克遘于宵"——在夜间遘神。

总之，周公庙"五月既死霸壬午，肜祭"卜辞，记载了公元前 1051 年夏至、月望在壬午夜间这一"气望齐同"的罕见天象。公元前 1051 年是周文王主政晚期，文王号称"受命于天"，利用罕见天象来"观象授时"，并举行重大祭祀活动，是文王实行"翦商"策略的重要举措。周公庙卜辞断代的结论，完全符合当时的政治背景，而且也与文献典籍的相关记载非常契合。这一"肜祭"卜辞的发现，对于研究当时的政治宗教活动、祭祀制度等有重要价值；卜辞天象年代的认定，对于确定遗址的年代、性质，印证考古学的年代结论等有一定的参考意义。

（原载《殷都学刊》2013 年第 2 期，第 17—23 页）

《保卣》"大祀"的天象与年代

　　上海博物馆藏西周早期铜器《保卣》，传 1948 年河南洛阳出土，其铭文曰"乙卯……遣于四方，迨王大祀，祐于周，在二月既望"。有学者根据其月份、月相与日干支三要素，推断年代为公元前 1025 年[1]。但这只利用了与月相相关的条件，我们认为《保卣》铭文可能提供了另一个重要条件，即二月"大祀"可能与某个特定节气（立春）有关，利用既望月相与祭祀节气两个约束条件，可以唯一确定其在西周早期的绝对年代为公元前 1030 年（周成王十三年）。详论如下。

---

[1] 赵光贤:《武王克商与西周诸王年代考》,《北京图书馆馆刊》1992年第 1 期; 张培瑜:《三千五百年历日天象》, 大象出版社, 1997 年, 第 500 页。

一、遘于四方

陈梦家先生首先指出《保卣》"遘于四方"与《邶其卣》"遘于姒丙"及甲骨文的"遘某"相似，遘就是"遇"的意思[1]。甲骨文"遘"字作两鱼以口相对之形"龚"，隶写为"冓"。《说文》："遘，遇也，从辵，冓声。"李孝定《甲骨文字集释》："冓，疑象二鱼相遇之形，为遘遇之本字，从辵作遘者，其繁文也。"徐中舒《甲骨文字典》："冓，象两鱼相遇之形，以会遘遇之意。"

《易·姤卦》《释文》："姤，薛云'古文作遘'，郑同。"是故"遘"祭就是请神下凡，与之相遇或相姤。《伦语·八佾》："祭如在，祭神如神在。"只有"神在"或者"神来"方可与之"遘"。屈原《离骚》："路漫漫其修远兮，吾将上下而求索。"即表示将上下求神而与之"遘"（姤）。

遘神在甲骨、金文中常见，如殷墟卜辞"在九月遘上甲裸，唯十祀"（《合》36482）；"在十月，遘大丁

---

[1] 陈梦家：《西周铜器断代（一）》，《考古学报》1955 年第 1 期。

翌"（《合》36511）；"甲寅贞，伊岁遘大丁日"（屯南1110）；金文《二祀邲其卣》"在正月，遘于妣丙肜日太乙奭，唯王二祀"；《肆簋》"在十月，隹王廿祀晢日，遘于妣戊武乙奭"。陕西岐山周公庙遗址出土龟背甲卜辞"五月既死霸壬午，肜祭……王其克遘于宵？"[1]上述遘神发生在裸祭、翌祭、肜祭、晢祭等不同场合，所遘对象均为先祖先妣。《保卣》遘遇的对象是"四方"神，这是很特别的地方。

金文中的"四方"多指"天下四方"或"四方诸侯"。如《大盂鼎》《逑鼎》《逑盘》《兴钟》《五祀㝬钟》《师克盨》等铭"匍有四方"，《禹鼎》"夹召先王奠四方"，《毛公鼎》"迹迹四方"，《南宫乎钟》"永保四方"，《师訇簋》"四方民"，等等。而保有四方在祀典上的体现就是祭祀"四方"神。《晋公盦》"广司（祠）四方"，与《保卣》"遘于四方"则直接指祭祀的对象——"四方"神。《保卣》"大祀"的主祭者是"王"，文献记载祭祀"四方"是天子的特权，诸侯只能"方祀"（详见

---

[1] 周原考古队：《2003年陕西岐山周公庙遗址调查报告》，《古代文明》第5卷，文物出版社，2006年；武家璧：《周公庙对贞卜辞考释》，《古代文明研究通讯》2006年第29期。

下文），这与铭文"遘于四方，迨王大祀"是符合的。

甲骨文中有祭祀"四方"或"四方帝"的记载，胡厚宣《甲骨文四方风名考证》释出一片牛肩胛骨（《合》14294）刻辞："东方曰析，风曰协；南方曰夹，风曰微；西方曰夷，风曰彝；北方曰宛，风曰役。"[1] 与《山海经》及《尧典》中的记载相似。陈梦家云："殷四方帝，四个方向之帝，配四个方向之风，四方之帝名即四方之名"；"卜辞因祭四方之神而及于四方之风，卜辞之风为帝史"。[2] 较晚文献中的"四方帝"被"五方帝"（加中央）所取代，而"四方风"似乎演变为五方神（五官之神）。

《礼记·曲礼下》："天子祭天地，祭四方，祭山川，祭五祀，岁遍；诸侯方祀，祭山川，祭五祀，岁遍；大夫祭五祀，岁遍；士祭其先。"郑玄《注》："祭四方，谓祭五官之神于四郊也。句芒在东，祝融、后土在南，蓐收在西，玄冥在北。……方祀者，各祭其方之官而已。"孔颖达《疏》："'诸侯方祀'者，诸侯既不得祭天

[1]　胡厚宣：《甲骨文四方风名考》，《甲骨学商史论丛初集》，河北教育出版社，2002年。

[2]　陈梦家：《殷墟卜辞综述》，中华书局，1988年，第591、589页。

地，又不得总祭五方之神，唯祀当方，故云方祀。"《周礼·春官·小宗伯》："兆五帝于四郊"。郑玄《注》："五帝，苍曰灵威仰，太昊食焉；赤曰赤熛怒，炎帝食焉；黄曰含枢纽，黄帝食焉；白曰白招拒，少昊食焉；黑曰汁光纪，颛顼食焉。黄帝亦于南郊。"

按郑玄《注》，在"四郊"举行的祭祀主要有两种：一是祭天，包括祭祀上帝灵威仰、配食下帝太昊等，上下各五帝；二是祭四方，即句芒等五官。《礼记·郊特牲》孔颖达《疏》："先儒说郊，其义有二。案《圣证论》以天体无二，郊即圜丘，圜丘即郊。郑氏以为天有六天，郊、丘各异。"这就是经学史上著名的"郊丘之争"：王肃《圣证论》主张"郊丘合一"说，即圜丘祭天就是郊祀；而郑玄主张"郊丘各异"说，认为在圜丘祭天之外，另有郊祀祭四方五帝。我们认为郑玄的说法比较符合先秦两汉时期的实际。

郑玄的郊祀"五帝"之名出自"纬书"，见《礼记·曲礼下》孔颖达《疏》："其五帝则《春秋纬·文耀钩》云：苍帝曰灵威仰，赤帝曰赤熛怒，黄帝曰含枢纽，白帝曰白招拒，黑帝曰汁光纪。"是为上天五帝或称"上帝"。《吕氏春秋·十二纪》《礼记·月令》载"经

书"系统另有一套人间"五帝"或称"下帝",与"日"神和"四方"(五官)神相配合:

> 孟春之月……其日甲乙,其帝大皞,其神句芒。
>
> 孟夏之月……其日丙丁,其帝炎帝,其神祝融。
>
> 中央土,其日戊己,其帝黄帝,其神后土。
>
> 孟秋之月……其日庚辛,其帝少皞,其神蓐收。
>
> 孟冬之月……其日壬癸,其帝颛顼,其神玄冥。

这种"五官神"配"五方帝"的方式,大约起源于甲骨文中的"四风"配"四方"。

祭四方,不仅对"日名"有要求,而且对节气有严格的限制。依文献记载,与节气密切相关的祭祀活动主要有春分祭日、夏至祭地、秋分祭月、冬至祭天,而立春、立夏、立秋、立冬为"迎气"之祭。《易·复卦》象辞曰:"雷在地中,《复》。先王以至日闭关,商旅不行,后不省方。"王弼《注》："方，事也。冬至，阴之复也；夏至，阳之复也。"孔颖达《疏》："'先王以至日闭关'者，先王象此《复》卦，以二至之日闭塞其关，使商旅不行于道路也。'后不省方'者，方，事也。后不省视其方事也。"此处表明"至日"不省"方事"，即冬至、夏至不举行"四方"之祭，言下之意"省方"当在"四立"之日进行。《周礼·春官·大宗伯》："以玉作六器，以礼天地四方。以苍璧礼天，以黄琮礼地，以青圭礼东方，以赤璋礼南方，以白琥礼西方，以玄璜礼北方。"郑玄《注》：

> 此礼天以冬至，谓天皇大帝，在北极者也。
>
> 礼地以夏至，谓神在昆仑者也。
>
> 礼东方以立春，谓苍精之帝，而太昊、句芒食焉。
>
> 礼南方以立夏，谓赤精之帝，而炎帝、祝融食焉。
>
> 礼西方以立秋，谓白精之帝，而少昊、蓐收食焉。
>
> 礼北方以立冬，谓黑精之帝，而颛顼、玄冥

食焉。

《礼记·曲礼下》孔颖达《疏》：

> 昊天上帝，冬至祭之，一也。
> 苍帝灵威仰，立春之日祭之于东郊，二也。
> 赤帝赤熛怒，立夏之日祭之于南郊，三也。
> 黄帝含枢纽，季夏六月土王之日，亦祭之于
> 南郊，四也。
> 白帝白招拒，立秋之日祭之于西郊，五也。
> 黑帝汁光纪，立冬之日祭之于北郊，六也。

综合郑《注》孔《疏》，谓在"四立"节气，崇礼于"四方"，祭祀对象有三类：一是"上帝"（苍帝等），二是"下帝"（太昊等），三是"四方"神（句芒等）。

汉唐注疏不排除有以汉制"五郊迎气"解释《周礼》之嫌，但"五官之祀"源自先秦是可以肯定的。《左传·昭公二十九年》载：

> 故有五行之官，是谓五官。实列受氏姓，封

为上公，祀为贵神。社稷五祀，是尊是奉。木正曰句芒，火正曰祝融，金正曰蓐收，水正曰玄冥，土正曰后土。……

（魏）献子曰："社稷五祀，谁氏之五官也？"（蔡墨）对曰："少皞氏有四叔，曰重、曰该、曰修、曰熙，实能金、木及水。使重为句芒，该为蓐收，修及熙为玄冥，世不失职，遂济穷桑，此其三祀也。颛顼氏有子曰犁，为祝融；共工氏有子曰句龙，为后土，此其二祀也。后土为社；稷，田正也。有烈山氏之子曰柱为稷，自夏以上祀之。周弃亦为稷，自商以来祀之。"

《国语·晋语》载虢公梦见蓐收，《左传·昭二十九》载禳火于玄冥、回禄（祝融），《山海经》的《海外经》诸篇载有东方句芒、南方祝融、西方蓐收、北方禺强等。足见"五官之祀"所从来久远，与汉代"五郊迎气"一脉相承。

关于"迎气"的具体活动，《吕氏春秋·十二纪》《礼记·月令》载：

孟春之月……是月也，以立春。先立春三日，太史谒之天子曰：某日立春，盛德在木。天子乃斋。立春之日，天子亲率三公、九卿、诸侯、大夫，以迎春于东郊。还反，赏公卿诸侯大夫于朝。

《月令》郑玄《注》："迎春，祭仓帝灵威仰于东郊之兆也。"其他立夏、立秋、立冬的"迎气"活动与立春类同。《后汉书·祭祀志中》："立春之日，迎春于东郊，祭青帝句芒。车骑服饰皆青。"汉代"五郊迎气"已将"四方"神"句芒"等上升为"帝"的地位。

《礼记·郊特牲》云"八蜡以祀四方"，"蜡也者索也，岁十二月合聚万物而索飨之"。《周礼·春官·大宗伯》："以疈辜祭四方百物。"《说文》："冬至后三戌，腊祭百神。"此与郊祀"迎气"分散在四立之月不同，大概是《曲礼》所谓"岁遍"的范畴。如上所论，则《保卣》铭文在二月"遘于四方"表示在立春之日，迎春于东郊，所祭"四方"神为东方句芒。

二、祈年以方

甲骨文有"求年"于四方的记载[1]。《诗经》和《周礼》有"祈年"的记载。《周礼·春官·龠章》："龠章掌土鼓豳龠。中春昼击土鼓，龡《豳诗》以逆暑；中秋夜迎寒，亦如之。凡国，祈年于田祖，龡《豳雅》，击土鼓，以乐田畯。"郑玄《注》："祈年，祈丰年也。田祖，始耕田者，谓神农也。"《大雅·云汉》："祈年孔夙，方社不莫。"郑玄《笺》云："我祈丰年甚早，祭四方与社又不晚。"孔颖达《正义》曰：《月令》'孟春祈谷于上帝，孟冬祈来年于天宗'是也。祭四方与社，即'以社以方'是也。"《诗·小雅·甫田》："与我牺羊，以社以方。"毛《传》："社，后土也；方，迎四方气于郊也。"可见祀典中"四方"与"社稷"同等重要[2]，都是祈求年丰的祭祀对象。《礼·中庸》："郊社之礼，所以事上

[1] 胡厚宣：《释殷代求年于四方和四方风的祭祀》，《复旦学报》（人文科学版）1956年第1期。

[2] 杨向奎：《论"以社以方"》，《烟台大学学报》（哲学社会科学版）1990年第1期。

帝也。"此"郊社"应即诗云"方社","上帝"包括五方上帝。总之"祈年"是祭四方的主要目的，我们姑且称"祈年以方"。

关于举行"祈年"活动的具体时间，《吕氏春秋·十二纪》《礼记·月令》载：

> 孟春之月……是月也，天子乃以元日祈谷于上帝。乃择元辰，天子亲载耒耜，措之于参保介之御间，率三公九卿诸侯大夫躬耕帝籍田，天子三推，三公五推，卿诸侯大夫九推。

这里给出了两个时间点：一是正月元日，二是举行籍田礼的"元辰"。证之以其他典籍亦然。《孔子家语·郊问》："至于启蛰之月，则又祈谷于上帝。"王肃《注》："祈，求也；为农祈谷于上帝。《月令》'孟春之月，乃以元日祈谷于上帝'。"《左传·桓公五年》："凡祀，启蛰而郊。"孔颖达《疏》："《夏小正》曰'正月启蛰。'其《传》曰'言始发蛰也。'"杨伯峻《注》："启蛰犹今言惊蛰，宋王应麟所谓'改启为惊，盖避景帝讳。'"《月令》郑玄《注》："《夏小正》'正月启蛰'、'鱼陟负冰'。

汉始亦以惊蛰为正月中。"孔颖达《疏》："汉之时立春为正月节，惊蛰为正月中气，……前汉之末，刘歆作《茸历》，改惊蛰为二月节。"故西汉以前"启蛰之月"祈谷，就是夏历的正月祈谷。

关于"籍田"，《诗·周颂·载芟》《序》曰："载芟，春籍田而祈社稷也。"郑玄《笺》："籍田，甸师氏所掌，王载耒耜所耕之田。天子千亩，诸侯百亩。籍之言借也，借民力治之，故谓之籍田。"《史记·孝文本纪》裴骃《集解》："应劭曰'古者天子耕籍田千亩，为天下先。籍者，帝王典籍之常。'韦昭曰'籍，借也。借民力以治之，以奉宗庙，且以劝率天下，使务农也。'"

综上所引，则"祈年"包括两类活动——"祈谷"和"籍田"。《史记·天官书》："凡候岁美恶，谨候岁始。……正月旦，王者岁首；立春日，四时之始也。四始者，候之日。"是谓"候岁"或"祈年"当在"四始"之日。《索隐》："谓立春日是去年四时之终卒，今年之始也。"《正义》："谓正月旦，岁之始、时之始、日之始、月之始，故云'四始'。言以四时之日候岁吉凶也。"这里指出"候岁美恶"（祈年）的时间点有两个：一是"岁之始"元旦，二是"时之始"立春。当正月元日朔旦立春时，这一刻就是"四始"，称为"气朔齐同"。但"四始"齐同只发生在四分历的蔀首（七十六年一蔀），如果去掉"日之始"即只求立春合朔同日而不求同在"平旦"，那么"三始"齐同发生在四分历的章首（十九年一章）。除掉章、蔀首日，一般情况下，"岁始"元旦和"时始"立春是分离的，因此"候岁"（祈年）之日，常年在元旦和立春两日。

文献载，在立春日举行籍田礼。《国语·周语上》：

> 宣王即位，不籍千亩。虢文公谏曰："不可。……古者，太史顺时觇土，阳瘅愤盈，土气震发，农祥晨正，日月底于天庙，土乃脉发。先时九日，太史告稷曰'自今至于初吉，阳气俱蒸，土膏其动。弗震弗渝，脉其满眚，谷乃不殖。'稷以告王曰'史帅阳官以命我司事曰：距今九日，土其俱动，王其祗祓，监农不易。'王乃使司徒咸戒公卿、百吏、庶民，司空除坛于籍。"

上文"农祥晨正，日月底于天庙"是举行籍田礼的天象条件。韦昭《注》："农祥，房星也；晨正，谓立春之日，晨中于午也；农事之候，故曰农祥也。""底，至也；天庙，营室也。孟春之月，日月皆在营室也。"又于"先时九日"下韦《注》曰："先立春日也。"科学计算表明，战国初期的立春点在营室五度[1]，以岁差计算，营室初度是西周时期的立春点，日月同时到达天庙初，正是立春合朔同时发生的时日。查张培瑜《三千五百年历日天象》，宣王三年（前825年）实历前冬至壬戌（干支序数58，实历12月29日14时12分），立春丁未（序数43，实历2月12日9时22分），月朔己酉（序数45，实历2月14日9时56分），立春合朔相差仅两日，在当时可能认为立春在朔日发生，故此虢文公认为符合古籍田礼要求的天象为"农祥晨正"（立春）、"日月底于天庙"（合朔）。

《礼记·月令》称天子躬耕"籍田"须"择元辰"，郑玄《注》："元辰，盖郊后吉辰也。"立春日为"四时之始"，元者始也，故立春日就是一"元辰"。若认定立春、合朔同时发生，则此"元辰"就是"四始"之日，按古礼须举行郊祀、望祭、籍田礼等，同时进行"候岁"

---

[1] 中国天文学史整理研究小组编著:《中国天文学史》，科学出版社，1981年，第74页注②、第92页注②。

或"祈年"等活动。

三、望祭四方

"望祭"属于广义的"郊祀"范畴，但郊祀与望祭在文献记载中是有明显区别的。《尚书·舜典》："望于山川，遍于群神。"孔《传》曰："九州名山大川、五岳四渎之属，皆一时望祭之。"《史记·封禅书》引："《周官》曰：冬日至，祀天于南郊，迎长日之至；夏日至，祭地祇。皆用乐舞，而神乃可得而礼也。天子祭天下名山大川，五岳视三公，四渎视诸侯，诸侯祭其疆内名山大川。"《礼记·王制》："天子祭天地，诸侯祭社稷，大夫祭五祀。天子祭天下名山大川，五岳视三公，四渎视诸侯。诸侯祭名山大川之在其地者。"依其次序，山川之祭（望祭）紧接在天地之祭（郊祀）之后，与《曲礼》"四方"之祭的位置相当，故可称为"望祭四方"。

《春秋·僖公三十一年》："夏四月，四卜郊，不从，乃免牲。犹三望。"杜预《注》："三望，分野之星、国中山川，皆郊祀望而祭之。鲁废郊天，而脩其小祀。"孔颖达《正义》曰："《公羊传》曰'三望者何？望祭也。

然则曷祭？祭泰山、河、海。'郑玄以为望者祭山川之名。诸侯之祭山川，在其地则祭之，非其地则不祭，且鲁境不及于河。《禹贡》'海岱及淮惟徐州'，徐即鲁地。三望谓淮、海、岱也。贾逵、服虔以为三望分野之星、国中山川，今杜亦从之……此三望者，因郊祀天而望祭之，于法不独祭也。鲁既废郊天，而独脩小祀。"《左传·宣公三年》："三年春，不郊而望，皆非礼也。望，郊之属也。不郊，亦无望可也。"由此可见郊祀和望祭是紧密相连的，先"郊"而后"望"才符合礼制。

鲁国郊天之后"三望"，天子郊天之后"四望"——望祭四方。关于"四方"神的疏解，可参见《文献通考》卷81《郊社考十四》"六宗四方"条所引杨氏曰：

愚按四方篇注疏，《曲礼》一条，谓五官之神；《祭法》一条，谓山林、川谷、邱陵之神；《舞师》一条，谓四望之神；《大宗伯》一条，谓蜡祭四方百物之神；《月令》一条，谓四方五行之神；《大司马》一条，谓祭四方之神。详考诸说，惟《舞师》"帅而舞四方之祭祀"，谓四望也，其说为近。盖四方即四望，而又有不同。四望者，郊祀之后，合四方名山、大川之神而望祭之，如左氏曰"望郊之属"是也。四方者，四时各望祭于其方，如"天子祭四方，岁遍"是也。

《礼记·祭法》："四坎坛，祭四方也。"郑玄《注》："四方，即谓山林、川谷、丘陵之神也。祭山林、丘陵于坛，川谷于坎。"据此则望祭与四方之祭的主要对象都是山川，区别可能在于四方之祭固定在"四立"节气，为"迎气"之祭，所祭山川分属于方帝五官，是一种特殊的望祭；一般望祭山川则与节气和方帝五官神无关。

"望"字有祭法之义，还与"望月"之"朢"相通。《说文》："朢，月满与日相朢，以朝君也。从月、从臣、从壬。壬，朝廷也。𡇒，古文朢省。"徐楷《注》："通望字"。段玉裁《注》："朢，月满也。此与望各字。望从朢省声。今则望专行而朢废矣。"《释名》："望，月满之名也。月大十六日，小十五日。日在东，月在西，遥在望也。"《汉书·礼乐志》载《郊祀歌》首章云：

　　练时日，侯有望，

　　炳脊萧，延四方。

　　颜师古《注》："练，选也。以萧炳脂合馨香也。四方，四方之神也。"这里将"望"与"时日"及"四方"相联系，提供一个重要信息，即"望日"郊祀"四方"。于是"望祭四方"，不仅是一种祭法，而且限定时日必须在"月望"前后。《保卣》铭文载王大祀"遘于四方"在二月"既望"，证明这种"望祭四方"的习俗来自西周早期。

四、大祀

　　凡祭祀根据礼品规格可分为"大祀"、"次祀"或"中祀"、"小祀"三等。《周礼·春官·肆师》："立大祀用玉帛、牲牷，立次祀用牲币，立小祀用牲。"郑玄《注》："郑司农曰：'大祀，天地；次祀，日月星辰；小祀，司命以下。'玄谓大祀又有宗庙，次祀又有社稷、五祀、五岳，小祀又有司中、风师、山川、百物。"《隋书·礼仪志一》："昊天上帝、五方上帝、日月、皇地祇、神州社稷、宗庙等为大祀，星辰、五祀、四望等为中祀，司中、司命、风师、雨师及诸星、诸山川等为小祀。"由于"四方"之祀的对象是"五方上帝"，仅次于"昊天上帝"，在次祀的"日月星辰"之上，因此属于"大祀"。

"大祀"又叫"大祭"。王之"大祀"应是与"禘祫"或"郊望"有关的重大祭祀活动。"郊望"已见前述，兹略论"禘祫"。《尔雅·释天》："禘，大祭也。"《说文》："禘，谛祭也，从示帝声。《周礼》曰'五岁一禘。'"《礼记·丧服小记》和《大传》曰："礼，不王不禘。王者禘其祖之所自出，以其祖配之。"《国语·鲁语》载展禽论祀：

> 有虞氏禘黄帝而祖颛顼，郊尧而宗舜；夏后氏禘黄帝而祖颛顼，郊鲧而宗禹；商人禘舜而祖契，郊冥而宗汤；周人禘喾而郊稷，祖文王而宗武王。……
>
> 凡禘、郊、祖、宗、报，此五者，国之典祀也。加之以社稷山川之神，皆有功烈于民者也。……

及地之五行，所以生殖也；及九州名山川泽，所以出财用也。非是，不在祀典。

《礼记·祭法》云：

有虞氏禘黄帝而郊喾，祖颛顼而宗尧。夏后氏亦禘黄帝而郊鲧，祖颛顼而宗禹。殷人禘喾而郊冥，祖契而宗汤。周人禘喾而郊稷，祖文王而宗武王。

《通典》卷42《礼二》"吉礼·郊天上"：

《大传》曰"礼，不王不禘，王者禘其祖之所自出，以其祖配之。"凡大祭曰禘。自，由也。大祭其先祖所由出，谓郊祭天也。王者先祖皆感太微五帝之精以生，其神名，郑玄据《春秋纬》说，苍则灵威仰，赤则赤熛怒，黄则含枢纽，白则白招拒，黑则协光纪。皆用正岁之正月郊祭之，盖特尊焉。《孝经》云"郊祀后稷以配天"，配灵威仰也。"宗祀文王于明堂以配上帝"，泛配五帝也。

因以祈谷。《左传》曰"郊祀后稷，以祈农事。"其
坛名泰坛，《祭法》曰"燔柴于泰坛。"在国南五十
里。《司马法》"百里为远郊，近郊五十里。"

《祭法》"周人禘喾而郊稷。"《孝经》曰"郊
祀后稷以配天。"《左传》曰"郊祀后稷，以祈农事。"
其配帝牲亦骍犊。《郊特牲》云"帝牛不吉，以为
稷牛，稷牛唯具。"

分析上引文献，可归纳周人"大祭"有如下特征：

（1）郊祀上天——昊天上帝；

（2）望祭四方——五方帝、五官神；

（3）禘祭始祖——帝喾；

（4）配祭先祖——后稷，以祈农事；

（5）地点在近郊五十里。

时间则以"正岁之正月"的郊祀为"特尊"。《保卣》
所载周王举行的"大祀"有"遘于四方"之语，是为"大
祭"的一个重要特征。

《保卣》铭曰"遘王大祀"，疑"遘"即"祫"字。《说
文》："祫，大合祭先祖亲疏远近也。从示合。《周礼》
曰'三岁一祫。'"《礼记·曾子问》："祫祭于祖。"《说

苑·修文》：“三岁一祫，五年一禘。祫者，合也；禘者，谛也。祫者大合祭于祖庙也，禘者谛其德而差优劣也。”

《春秋·文公二年》：“八月丁卯，大事于大庙。”《公羊传》曰：“大事者何？大祫也。大祫者何？合祭也。其合祭奈何？毁庙之主，陈于大祖；未毁庙之主皆升，合食于大祖。五年而再殷祭。”段玉裁《说文解字注》：“郑康成（玄）曰：鲁礼三年丧毕而祫于大祖，明年春禘于群庙。自此之后，五年而再殷祭，一祫一禘。《春秋经》书‘祫’谓之‘大事’，书‘禘’谓之‘有事’。”《诗经·周颂·雍》《序》曰：“《雍》，禘大祖也。”孔颖达《疏》：

> 《礼纬》言“三年一祫，五年一禘”。……知禘小于祫者，《春秋》文二年“大事于大庙”，《公羊传》曰“大事者何？祫也。毁庙之主陈于大祖，未毁庙之主皆升，合食于大祖。”是合祭群庙之主谓之大事。昭十五年“有事于武宫”，《左传》曰“禘于武公。”是禘祭一庙，谓之有事也。祫言大事，禘言有事，是祫大于禘也。

据上所论，祫祭比禘祭更有资格叫“大祀”，因此

《保卣》铭与其为"禘"祭，不如为"祫"祭更切合"大祀"之名；铭文"迨"字，殆即"祫"字异体。

五、《保卣》的天象条件

综合上文所考，《保卣》的祭祀活动分为两部分：首先是"遘于四方"——在郊外举行"郊望"之祭；然后是"迨王大祀"——在宗庙举行"大祫"之祭。此次郊祫之际的天象具有下列特征：

（1）"遘于四方"须有"立春"天象。因为祭祀"四方"神只能在"四立"节气举行，源于"郊祀迎气"的古老习俗。

（2）望祭"四方"在"既望"日举行，符合《郊祀歌》"候有望""延四方"的习俗。

（3）日干支为望日甲寅、既望乙卯，符合《吕氏春秋》《月令》"孟春之月……其日甲、乙"的记载。

（4）立春在二月。《吕氏春秋》《月令》载"是月也，以立春"。

按正月建寅的历法如夏历、颛顼历，在通常情况下立春月应在正月，但节气是阳历因素，在阴历月中的位置不固定，因节气的前后挪动而使立春出现在十二月或二月是很正常的，设置闰月后将调节立春节气回归正月。在早期历法中失闰的情况经常发生，如《左传》襄公二十七年载"司历过也，再失闰矣"；哀公十二年又载"司历过也"。《保卣》铭文只需失闰一月即会出现立春在二月的现象。

依据《保卣》天象的这些特征，可以概括出对年代具有约束意义的四项要素：节气、月相、月份、日干支。由于月相与节气密近，该月相必定发生在节气所在月（如立春月），因此第三项要素"月份"的实际意义不大，仅根据节气与望日干支即可确定天象的年代。

六、《保卣》的年代

推断铜器的年代，除了节气、月相、日干支三要素之外，还必须有两个设定。其一是年代范围，根据《保卣》铜器的形制、纹饰和铭文等特征，可以确定其时代为西周早期。按《夏商周断代工程》所定公元

前 1046 年为"武王伐纣"年 [1]，可在公元前 1050 — 前
1000 年这 50 年范围内搜索符合天象条件的年代。

其二是设定节气与月望最靠近者是所求年代。因
为在周初 50 年范围内有可能没有"立春既望"同日发
生的实际天象，而"既望"月相是铭文中出现的，"既
望"的含义是望后一日也为学术界普遍接受，因此必
须以"望干支"为基点，搜索与其密近的立春天象，
从而确定铜器的年代。

依据天象历日断代的步骤和方法如下：

（1）以张培瑜《三千五百年历日天象》为工具 [2]，搜
索其《合朔满月表》，得到公元前 1050 — 前 1000 年立
春月及其前后各一月的"望干支"。

（2）搜索《三千五百年历日天象》的《分至八节
表》，得到公元前 1050 — 前 1000 年的"立春干支"。

（3）将立春和望日干支转换为干支序数，以甲子
为 0，乙丑为 1，丙寅为 2，丁卯为 3，……甲寅为

---

[1] 夏商周断代工程专家组：《夏商周断代工程 1996—2000 年阶段成果
报告》(简本)，世界图书出版公司，2000 年，第 48—49 页。

[2] 张培瑜：《三千五百年历日天象》，大象出版社，1997 年，第 497—
503 页、第 896—897 页。

50，乙卯为 51 等。

（4）制作节气月相断代图：以立春和望日干支序数为横坐标，以公元前年份为纵坐标，制作公元前1050—前 1000 年范围内的"气望干支"散点图。

（5）在图中用实线和虚线标示：符合《保卣》铭文"乙卯既望"（甲寅望）且望日与立春最近的年份是公元前 1030 年。（图 1）

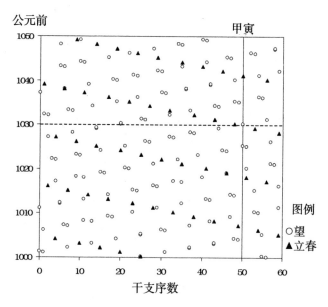

图 1 《保卣》的节气月相断代图

图1显示，周初50年内符合"二月既望乙卯"月相条件的只有公元前1030年和前1025年两个年份，但前1025年二月望日附近没有立春，故可排除其为《保卣》年代的可能性。而前1030年望前两日为立春，立春日在壬子（序数48），距离既望乙卯（序数51）只有三日，因此前1030年是周初符合《保卣》天象的唯一年代。

古历的立春是由冬至推算出来的，其方法如《淮南子·天文训》所言："距日冬至四十六日而立春。"查公元前1030年实历前冬至在丁卯（序数3），立春壬子（序数48）距冬至45日，按"四十六日"计则立春应在望前一日癸丑（序数49），与既望乙卯（序数51）仅差两日。考虑到古历冬至与实历冬至相差1—2日很正常，如《左传》载僖公五年（前655年）"日南至"辛亥、昭公二十年（前522年）"日南至"己丑，都与实历冬至相差两日，因此公元前1030年实际立春与既望的日距在古历节气的误差范围之内，那么可以认为当年的古历立春与既望乙卯是基本同时的。古历节气误差的存在，更加支持《保卣》的天象年代在公元前1030年。

《夏商周断代工程》推断周成王元年为公元前1042年，那么前1030年是成王十三年。按"三年一祫"的频次，成王四年为一祫、七年二祫、十年三祫，十三年为四祫。

七、余论

中国古代的重要祭祀活动具有很强的时间性，有所谓"祭祀以时"（《孟子·尽心下》）、"过时不祭"（《礼记·曾子问》）等说法。古人认为，如果不"以时祭"，神灵就不会降福。有些"时祭"与固定节气相关，这就使得我们可以利用祭祀的节气条件，结合其他历日天象等限制条件，来推算祭祀活动的天文年代。

商周甲骨文与金文记载了大量的祭祀活动，其中发现节气的要素是完全有可能的[1]。以往在金文断代中，人们只注重"年、月、日、月相"四要素俱全的

[1] 罗琨:《卜辞"至"日缕析》,《胡厚宣先生纪念文集》,科学出版社,1998年,第144—157页;武家璧:《花园庄东地甲骨文中的冬至日出观象记录》,《古代文明研究通讯》2005年第25期;武家璧:《从卜辞"观籍"看殷历的建正问题》,《华学》第8辑,紫禁城出版社,2006年。

铜器铭文，忽视了节气这一重要因素。实际上节气的条件可取代年、月的条件，某一节气在一年内只在某月发生一次，这种唯一性决定了节气这一要素可以取代年、月两个要素。在节气干支的回归周期长于王之积年的情况下，依据节气的条件可在较长时段内进行选择。铜器铭文的纪年（王年）严重依赖于王之元年，而该王或该元年并不确定。然而节气干支在其周期范围内与绝对年代是一一对应的，没有不确定因素。因此在年代学意义上，节气的条件更优于年、月的条件。一个节气干支可代表某年某月，再结合朔望干支，就可以在较长的时间段内唯一确定天文年代，这一方法可简称为"气朔（望）断代"[1]。本文利用节气与月相联合断代的方法，论证《保卣》的天象年代为公元前1030年，希望能抛砖引玉，推广这一新的断代方法，以便更好地解决相关学术问题。

（原载《三代考古（五）》，科学出版社，2013年，第217—228页）

---

[1] 武家璧：《随州孔家坡汉简〈历日〉及其年代》，《江汉考古》2009年第1期。

《天亡簋》祀天"大豊"与天象年代

　　《天亡簋》铭文记载了周武王举行的一次祀天"大豊（礼）"。一般祭天大礼须在特定时间和场所举行，关于场所，《天亡簋》载明"祀于天室"；关于时间，本铭记载在"乙亥"日，通常文献记载"冬至祭天"。结合文献可知，《天亡簋》暗示了"乙亥冬至"这一重要天象，为铜器的节气断代提供了科学依据。查历表可知公元前1041年乙亥冬至，为武王伐纣第六年。

一、"天室"与太室山

　　《天亡簋》自道光年间出土以来，学术界公开发表了数十篇论文研究其铭文。20世纪80年代初孙稚雏先生撰《天亡簋铭文汇释》，将各家考释汇集起来，做了一次总结[1]。兹引原文和释文如下（图1）：

乙亥，王又（有）大豐（礼），王凡（般）三方。王
祀于天室，降。天亡又（佑）王，衣（殷）
祀于王。丕显考文王，
事喜（饎）上帝。文王悳（德）在上，丕
显王乍眚（笙）。丕肆王乍庸（镛），丕克
气（讫）衣（殷）王祀。丁丑，王飨大宜，王降
亡勋爵复觵（觥）。
又（有）庆，每（敏）扬王休于尊白。

図1 《天亡簋》铭文及其释文

孙诒让指出本铭"室"前之"𠫼"字"当为大之变体，大室金文常见"[2]。吴大澂、刘心源释作"太室"[3]，

---

[1] 孙稚雏：《天亡簋铭文汇释》，《古文字研究》第 3 辑，中华书局，1980 年。

[2] 孙诒让：《古籀余论·大丰敦》卷中，中华书局，1989 年，第 25 页。

[3] 吴大澂：《愙斋集古录释文剩稿》（下册），台联国风出版社，1982 年影印本，第 22 页；刘心源：《奇觚室吉金文述》卷 4，上海古籍出版社，1995 年影印本，第 12 页。

郭沫若释作"天室"[1]。关于"天室"的地点,大致可分为明堂太庙及太室山两说。

孙作云、陈梦家、黄盛璋、李学勤等认为天室是祀天的"明堂"[2]。孙常叙认为天室同于《逸周书·世俘》中的"天位",不在明堂而在"周庙"[3]。杨树达、唐兰将《天亡簋》中的"天室"与《逸周书·度邑》中的"天室"(太室山)相联系[4]。伊藤道治谓天室当去伊洛流域不远[5]。刘晓东谓《度邑》之"依天室"即"殷天室",在

---

[1] 郭沫若:《两周金文辞大系图录考释上编·大丰簋》,科学出版社,1957年;郭沫若:《大丰簋韵读》,《殷周青铜器铭文研究》,科学出版社,1961年。

[2] 孙作云:《说天亡簋为武王灭商以前的铜器》,《文物参考资料》1958年第1期;又见孙作云:《诗经与周代社会研究》,中华书局,1966年。陈梦家:《西周铜器断代(一)》,《考古学报》1955年第1期;又见陈梦家:《西周铜器断代》(上册),中华书局,2004年。黄盛璋:《大丰簋铭制作的时代、地点与史实》,《历史研究》1960年第6期。李学勤:《"天亡"簋试释及有关推测》,《中国史研究》2009年第4期。

[3] 孙常叙:《〈天亡簋〉问字疑年》,《吉林师大学报》1963年第1期。

[4] 杨树达:《积微居金文说》(增订本),中华书局,1997年,第142、235页;唐兰:《西周青铜器铭文分代史征》,中华书局,1986年,第12页。

[5] 〔日〕伊藤道治:《周武王と雒邑——尊铭と〈逸周书〉度邑》,《内田吟风博士颂寿纪念东洋史论集》,(东京)同朋舍,1978年,第48—49页。

殷人故地,武王东土度邑之所[1]。蔡运章谓天室乃嵩山
的太室山，是天神之都，天下之中，"有夏之居"，铭
文所言乃武王祀天神于太室山，欲依恃太室，建都于
有夏之居，以永保天命[2]。曲英杰认为天室"当即《左
传·昭公四年》所记椒举言:'周幽王为太室之盟'之
'太室'。杜预注:'太室，中岳。'即中岳嵩山"[3]。林沄
赞成蔡、曲之说，加以申论，认为铭文"祀于天室"
就是武王封禅嵩山[4]。叶正渤指出《逸周书·度邑》的
"依天室"指依傍于五岳之中的天室山建都邑，并非
指于明堂或宗庙之天室举行盛大的祭祀[5]。王晖则指出
《天亡簋》铭文中的"天室"就是嵩山[6]。此外还有兼取
明堂太庙及太室山两说者，如许倬云言"天室"盖类

[1] 刘晓东:《天亡簋与武王东土度邑》,《考古与文物》1987 年第 1 期。

[2] 蔡运章:《周初金文与武王定都洛邑——兼论武王伐纣的往返日程
问题》,《中原文物》1987 年第 3 期。

[3] 曲英杰:《先秦都城复原研究》,黑龙江人民出版社，1991 年，第
127 页。

[4] 林沄:《天亡簋"王祀于天室"新解》,《史学集刊》1993 年第 3 期;
收入《林沄学术文集》,中国大百科全书出版社，1998 年。

[5] 叶正渤:《〈逸周书·度邑〉"依天室"解》,《古籍整理研究学刊》
2000 年第 4 期。

[6] 王晖:《论周代天神性质与山岳崇拜》,《北京师范大学学报》1999
年第 1 期。

明堂大室之祭祀场所，然抑或指"天下之中"的伊洛一带[1]。杨宽以天室为太室山来解释营建东都洛邑的原因，又以明堂太室解释天室之义[2]，等等。

上引解释铭文"天室"为"明堂太庙"之说，主要流行于20世纪五六十年代，80年代以后"太室山"说逐渐占主流。笔者赞同"天室"为"太室山"之说[3]，略申如下。为叙述方便，略引《逸周书》和《史记》记载以说明问题。《度邑解》曰：

> 维王克殷，国君诸侯、乃厥献民征主、九牧之师，见王与殷郊。王乃升汾之阜，以望商邑……王至于周，自鹿至于丘中。具明不寝，王小子御告叔旦，叔旦亟奔即王，曰："久忧劳问，害不寝？"曰："安予告汝。"王曰："呜呼……我未定天保，

[1]　许倬云：《西周史》(增订本)，生活·读书·新知三联书店，1994年，第97—98页。

[2]　杨宽：《西周史》，上海人民出版社，2003年，第172—173页、第539页、第546页、第830—831页。

[3]　武家璧：《周初"宅兹中国"考》，北京大学考古文博学院、北京大学中国考古学研究中心编：《考古学研究(八)——邹衡先生逝世五周年纪念论文集》，科学出版社，2011年。

何寝能欲。"王曰:"旦,予克致天之明命,定天保,依天室……。"王曰:"呜呼,旦!我图夷兹殷,其惟依天,其有宪命,求兹无远;天有求绎,相我不难。自洛汭延于伊汭,居阳无固,其有夏之居。我南望过于三途,北望过于有岳鄙,顾瞻过于河宛,瞻于伊洛,无远天室,其曰兹曰度邑。"

《周本纪》载此事曰:

　　武王征九牧之君,登豳之阜,以望商邑,于周,自夜不寐。周公旦即王所,曰:"曷为不寐?"王曰:"告女:维天不飨殷……以至今,我未定天保,何暇寐!"王曰:"定天保,依天室……自洛汭延于伊汭,居易毋固,其有夏之居。我南望三涂,北望岳鄙,顾詹有河,粤詹雒、伊,毋远天室。"营周居于雒邑而后去。

　　武王克殷之后,迁殷民于豳地之郊,是谓"殷郊"。武王登豳冈阜,以望殷郊之商邑,回到周(岐邑)之后,彻夜不寐,于是有与周公旦关于"度邑"的对话。导致武王"具明不寝"的原因是"我未定天保，何暇寐！"

所谓"天保"又叫"保极"。《书·洪范》："五曰建用皇极……皇建其有极……惟时厥庶民于汝极，锡汝保极。"汉孔安国《传》："皇，大；极，中也。"保字当作"葆"，《论衡·说日》："天之居若倚盖矣，故极在人之北，是其效也。极其天下之中……极星在上之北，若盖之葆矣。"桓谭《新论》："天之卯酉，当北斗极天枢。枢，天轴也，犹盖有保斗矣。盖虽转而保斗不移。天以转周匝，斗极常在，知为天之中也"（《太平御览》卷2引）。《书·仲虺之诰》"建中于民"，《谷梁传·桓公九年》"为之中者，归之也"。《书·盘庚下》"今我民用荡析离居，罔有定极"，《君奭》"作汝民极"，《周礼》"以为民极"。《洪范》曰："会其有极。归其有极"。曾巩《洪范传》："'会于有极'者，来而赴乎中也；'归于有极'者，往而反乎中也"（《元丰类稿》卷10）。故所谓"定天保"就是要"建中立极"。

周初最早在豳地建国。《周本纪》载公刘徙豳"百姓怀之，多徙而保归焉。周道之兴自此始……公刘卒，子庆节立，国于豳"。所谓"保归"，就是归于"保极"。《礼·月令》"四鄙入保"郑玄注"都邑之城曰保"。《诗经·小雅·天保》："天保定尔，亦孔之固"。《诗·公刘》载公刘在豳"乃陟南冈，乃觏于京"；"既景（影）乃冈，相其阴阳"。朱熹《诗集传》："景，考日景以正四方也。"又于《豳风》下云："公刘……乃相土地之宜，而立国于豳之谷焉。"

　　武王"登豳之阜"，此地即《诗·公刘》之"南冈"，又称为"京"，文献或称之为"西极"。《尔雅·释地》："东至于泰远，西至于邠国，南至于濮铅，北至于祝栗，谓之四极。"《山海经·海外东经》郭璞注引《山海经图赞·竖亥》："东尽太远，西穷邠国。"《说文》："汃（邠），西极之水也……《尔雅》曰'西至汃国，谓四极。'"《司马相如列传》"左苍梧，右西极"，《集解》引郭璞曰"西极，邠国也，见《尔雅》"；《正义》引"文颖曰《尔雅》云西至于豳国为极，在长安西，故言右。"《列子·汤问》："西行至豳，人民犹是也；问豳之西，复犹豳也。朕以是知四海、四荒、四极之不异是也"（《太平御览》卷2引）。《周本纪·索隐》："豳即邠也，古今字异耳。"《说文》："豳，周太王国，在右扶风美阳。本作邠……亦作豳。"郑玄《诗谱》："豳者，后稷曾孙公刘自邰出徙戎狄之地，今属扶风栒邑。"地在今陕西省旬邑县、彬县一带。

周人已占有"西极"之地，而"中极"为殷人故地，至武王克殷返周，登上"西极"冈阜，以望商邑，产生要"定天保，依天室"的想法，就是要在殷人故地建"中极"。因为原有邠（豳）国之"西极"偏于一隅，不适应对殷民的统治，总不能将所有殷人都迁至西极，只有"依天室"而建"中级"才能巩固东土疆域。《度邑解》提到"天室"与"有夏之居"（阳城）、"三途"、"岳"有关，《左传·昭公四年》曰："四岳、三涂、阳城、大室、荆山、中南，九州岛之险也"。其中"大室"之前的三山与《度邑解》自"天室"所望见者相同，故"天室"即"大室山"。杜预注："大室，即中岳嵩高山也，在豫州。"孔颖达疏："郭璞云'大室，山也，别名外方，今在河南阳城县西北。'《土地名》云'大室，河南阳城县西嵩高山，中岳也。'《地理志》云'武帝置嵩高县，以奉大室之山，是为中岳。'又有少室，在大室之西也。"

"大室山"又作"泰室山"。《山海经·中山经》："半石之山……又东五十里，曰少室之山……又东三十里，曰泰室之山。"郭璞注："即中岳嵩高山也，今在阳城县西。"袁珂校注："嵩高山在今河南省登封县北。"《尔

雅》"嵩高为中岳"，郭璞注"大室山也"，邢昺疏"案
《山海经》云：半石山东五十里曰少室山，又东三十里
曰泰室山。……戴延之《西征记》云：其山东谓之大室，
西谓之少室，相去十七里，嵩其总名也"。《国语·周
语上》"夏之兴也，融降于崇山"，韦昭注"崇，崇高
山也；夏居阳城，崇高所近"。《诗·大雅·崧高》："崧
高维岳，骏极于天。"是故崧高为降神、通天之所。武
王之所以要"依天室"而"定天保"，就是因为作为中
极的"天室"是天帝上下往来的通道，靠近此地与天
帝沟通十分方便——我有所求，告天不远；天有所求，
找我不难。

二、"祀于天室"与"廷告于天"的区别

如前所考，《天亡簋》"祀于天室"当在中岳嵩山
的太室山举行，是一次重大的封禅或祭天活动。那么
武王在"登幽之阜"返于周的过程中是否举行过祭天
活动？文献没有记载，甚至连"登幽之阜"的具体时
间也找不到蛛丝马迹，但《逸周书·世俘》详细记载
了伐纣胜利后武王告祭上帝和祖先的活动。

维四月乙未日，武王成辟四方，通殷命有国。……辛亥，荐俘殷王鼎。武王乃翼，矢慓矢宪，告天宗上帝。王不革服，格于庙，秉语治庶国，篇入九终。王烈祖自太王、太伯、王季、虞公、文王、邑考以列升，维告殷罪，篇人造，王秉黄钺，正国伯。壬子，王服衮衣矢琰，格庙，篇人造王，秉黄钺，正邦君。癸丑，荐殷俘王士百人……

时四月既旁生魄，越六日庚戌，武王朝至燎于周……入燎于周庙。若翼日辛亥，祀于位，用篇于天位。越五日乙卯，武王乃……告于周庙。

《汉书·律历志下》引《尚书·武成》：

故《武成》篇曰：惟四月既旁生霸，粤六日庚戌，武王燎于周庙。翌日辛亥，祀于天位。粤五日乙卯，乃以庶国祀馘于周庙。

据上引，这次"告天宗上帝""祀于天位"的具体日期在伐纣之后的四月辛亥，前一日庚戌"燎于周庙"，后一日壬子复"格庙"，因之此次告祭的地点应在周庙的廷院中。"告天"之祭有列祖(自太王至伯邑考)配享,越五日乙卯再"告庙"。先"告天"后"告祖",表明这是一次最高规格的祭祀活动。但这是伐纣胜利后举行的献俘告捷的典礼,不是常规的"时祭",因此与"冬至祭天"没有关系。

这次告祭活动得到铜器铭文的印证。西周初期《何尊》铭文曰:"唯王初迁宅于成周……唯武王既克大邑商,则廷告于天,曰:余其宅兹中国,自之薛(乂)民。""宅兹中国"就是武王欲"定天保,依天室"之"度邑"。《何尊》铭文把武王"告天"以及"登幽之阜"返周这两件事情联系起来。武王在"告天"时已经提出"宅兹中国"的愿望,故此在"登幽之阜"后因"未定天保"而夜不成寐。这也表明《天亡簋》的"祀于天室"与《何尊》的"廷告于天"不是同一事件。略加分析,两者之间存在如下区别:

(1)祭祀地点不同:"祀于天室"的地点在中岳太室山,"廷告于天"的地点在周庙。

(2)祭祀目的不同:"廷告于天"的目的,是通过献鼎、献俘向上帝报告克殷的捷报。"祀于天室"的目的是"讫殷王祀",即终止殷王祭天的权利。《逸周书·世俘》及《史记·周本纪》载牧野之战后，武王入殷都"即位于社""立于社南"，尹佚申讨纣王罪状，武王宣布"膺更大命，革殷，受天明命"。这是一次社祭，规格较低，武王宣布"革殷之命"，但没有绝殷之祀。

（3）祭祀配享的对象不同：《天亡簋》记载"祀天"的对象为"上帝"，配祭者仅有文王。《世俘》记载"告天"的对象为"天宗上帝"，配享的对象为列祖：太王、太伯、王季、虞公、文王、邑考等。

（4）后续祭祀不同：《世俘》记载"告天"祭祀五天之后，又举行了告祭祖先的"告庙"之祭。而冬至祭天与祭祖是完全分离的，如《礼记·杂记》所载："正月日至可以有事于上帝，七月日至可以有事于祖。"

（5）祭祀时节不同："告天"因战胜而告捷，不拘时节；而通常祭天，一般在冬至日举行。

（6）祭祀日期不同：《世俘》《武成》记载武王"告天"在辛亥、壬子、癸丑三日；《天亡簋》记载武王"祀天"在乙亥、丙子、丁丑三日。

总之，武王在世时举行过两次盛大的祭天活动：一次是伐纣胜利后在周庙举行的"告天"祭祀活动，另一次是在中岳太室山举行的冬至"祀天"活动。

三、"冬至祭天"与"祀于天室"

关于冬至祭天，文献典籍有很多记载，兹就汉以前早期文献所记，略举如下：

《周礼·春官·大司乐》："凡乐，圜钟为宫，黄钟为角，大蔟为徵，姑洗为羽，雷鼓雷鼗，孤竹之管，云和之琴瑟，云门之舞，冬日至，于地上之圜丘奏之。若乐六变，则天神皆降，可得而礼矣。"

《周礼·春官·神仕》："以冬日至，致天神人鬼；以夏日至，致地方物魅。"

《周礼·春官·大宗伯》："以禋祀祀昊天上帝。"郑玄《注》："'昊天上帝'，冬至于圜丘所祀天皇大帝。"

《周礼》曰："祀昊天上帝于圜丘。"《注》曰："冬至日，祀五方帝及日月星辰于郊坛。"（《渊鉴类函》卷16《岁时部·冬至》所引，今本《周礼·大宗伯》无"于圜丘"三字）

《礼记·杂记》:"孟献子曰'正月日至,可以有事于上帝;七月日至,可以有事于祖。'……鲁以周公之故,得以正月日至之后郊天,亦以始祖后稷配之。"

《礼记·郊特牲》:"郊之祭也,迎长日之至也……周之始郊日以至。"孔颖达《疏》:"'周之始郊日以至'者,谓鲁之始郊日,以冬至之月。"

《礼记·月令》:"孤竹之管,云和琴瑟,云门之舞,冬日至于地上之圜丘奏之。"(《渊鉴类函》卷16《岁时部·冬至》所引,今本《月令》无)

《史记·封禅书》引《周官》曰:"冬日至,祀天于南郊,迎长日之至;夏日至,祭地祇。皆用乐舞,而神乃可得也。"

《易·通卦验》:"郑元(玄)注曰'冬至,君臣俱就大司乐之官,临其肆,祭天圜丘之乐,以为祭事,莫大于此。'"又曰:"冬至之始,人主与群臣左右纵乐五日,天下之众,亦家家纵乐五日,为迎日至之礼。"(《渊鉴类函》卷16引)

殷墟甲骨文中有一例"奏丘日南"卜辞(《合》

20975）[1]，"日南"就是《左传》僖公五年、昭公二十年记载的"日南至"即冬至，"奏丘"就是奏乐于圜丘，可见冬至祭天的习惯，早在商代就已盛行。据上所引，冬至祭天具有祭于圜丘、奏乐、降神等特点，《天亡簋》与此非常符合：

（1）圜丘：《周礼·大司乐》贾公彦《疏》"案《尔雅》土之高者曰丘，取自然之丘。圜者，象天圜"。《左·昭四》载"太室"与"四岳""三涂""荆山"等自然山丘并列，可见"太室"也是一个自然山丘，与太庙无关。

（2）奏乐：铭文"衣（殷）祀"，《说文》"殷，作乐之盛称殷"。《易·豫》"先王以作乐崇德，殷荐之上帝，以配祖考"。王弼《注》"用此殷盛之乐荐祭上帝也"。李学勤先生解"丕显王乍眚，丕肆王乍庸"为"作笙""作镛"[2]，就是奏笙簧与编钟，这与冬至祭天首重奏乐的情形非常符合，是《天亡簋》铭研究的一大发明。

（3）降神：《天亡簋》铭前后有两个"降"字。前者

---

[1]　胡厚宣：《甲骨文合集》第 7 册第 20975 片，中华书局，1999 年，第 2704 页。

[2]　李学勤：《"天亡"簋试释及有关推测》，《中国史研究》2009 年第 4 期。

曰"王祀于天室，降"，指天神降到天室所设之"天位"。《楚辞·九歌》"灵皇皇兮既降"。《诗·崧高》曰"惟岳降神"，太室山本是天神下降之所。铭文谓武王及助祭者"天亡"，从降神的情况来判断，确认是已去世的周文王正在"事饎上帝"，这表明上帝已经接受周朝的祭祀，周人已经在天室"讫殷王祀"。《诗·商颂·玄鸟》载"武丁孙子""大糦（饎）是承"，至此已为周文王取代殷先王"事饎上帝"的位置。《诗·文王》曰"文王陟降，在帝左右"，大抵自此次祭天以后开始。

后一个"降"字出现在"王飨大宜，王降亡勋爵复觥（觥）"句中，是谓王在飨礼（分享祭肉）中下堂而赐酒。《礼记·祭统》"祭之日一献，君降"。《楚辞·大招》"三公穆穆，登降堂只！"《帝王世纪》曰"夷王即位，诸侯来朝，王降与抗礼，诸侯德之（《太平御览》卷85）"。《礼记·郊特牲》"下堂而见诸侯，天子之失礼也，由夷王以下"。是皆谓君降堂而与臣分庭抗礼。本铭谓助祭有功名曰"亡"者，在飨宴中因其勋劳得到武王降堂亲赐酒一爵，复又赐酒一觥的奖赏。

此外，铭文称此次祭天为"大豊（礼）"，亦与冬至祭天有关。"大豊"旧释为"大豐"因称"大丰簋"，孙诒让释"大豊"(《古籀余论》卷中),学者多从之。铭称"大豊(礼)""衣(殷)祀"即文献所说之"大祭""殷祭"。《尔雅·释祭》"禘,大祭也"。《祭法》"祭天圜丘亦曰禘"(《周礼·大宗伯》贾公彦《疏》引)。《礼记·祭法》郑玄《注》:"禘,谓祭昊天于圜丘也。"《书·洛诰》:"肇称殷礼,祀于新邑。"《礼记·曾子问》:"君之丧服除而后殷祭,礼也。"孔颖达《疏》:"殷,大也……大祭,故谓之殷祭也。"故冬至禘祭昊天上帝可称"大祭""殷祭",亦即铭文所称之"大礼""殷祀"。

四、"乙亥冬至"的天象年代

关于《天亡簋》的年代问题,学术界基本趋于一致,除个别学者认为晚至昭王之外[1],绝大多数学者根据铭文"显考文王""文王临(德)在上"判断是武王时器,但究竟是武王克殷前还是克殷后,尚有争论。

---

[1]　殷涤非:《试论"大丰𣪊"的年代》,《文物》1960年第5期。

孙作云认为铭文是武王灭商以前所作[1]，孙常叙以为铭文记载了伐纣之师出发前十三天举行的"大丰（封）"之礼[2]，此器作于克殷之前。唐兰、黄盛璋认为铭文所记与武王克殷后归于宗周、祭祀文王有关，因而作于克殷之后[3]。于省吾认为此铭与《世俘》所记为同一事件，而《世俘》的天干传写有误，主张"《世俘篇》的辛亥、壬子、癸丑应该依据铭文订正为乙亥、丙子、丁丑"[4]。

笔者认为《天亡簋》为武王时器已无可怀疑，但具体年代应该根据铭文提供的历日与天象信息来加以判断。铭文开头的历日曰"□亥"，亥前一字已湮不可识，根据下文的"丁丑"可知应是"乙亥"，就是说铭文所载的祀天"大礼"在乙亥、丙子、丁丑三日内举行，对此学术界没有异议。如前文所考，祭天大礼一般在

[1] 孙作云：《说天亡簋为武王灭商以前的铜器》，《文物参考资料》1958 年第 1 期；孙作云：《再论"天亡簋"二三事》，《文物》1960 年第 5 期。

[2] 孙常叙：《〈天亡殷〉问字疑年》，《吉林师大学报》1963 年第 1 期。

[3] 唐兰：《朕簋》，《文物参考资料》1958 年第 9 期；黄盛璋：《大丰殷铭制作的时代、地点与史实》，《历史研究》1960 年第 6 期。

[4] 于省吾：《关于"天亡簋"铭文的几点论证》，《考古》1960 年第 8 期。

冬至日举行，因此铭文"乙亥……大礼"等于提供了"乙亥冬至"这一重要天象信息，通过查对科学历表可以确定其可能的绝对年代。具体做法如下：

首先，确定年代范围。《天亡簋》为武王时器，武王在位时间较短（克殷后不超过七年，详见下文），《夏商周断代工程》定武王伐纣年在公元前1046年，其碳14的测年误差在30年内，为覆盖碳14误差，我们定其年代范围为公元前1021—前1070年的50年内。

其次，依据张培瑜《三千五百年历日天象》的《分至八节表》，查找武王伐纣前后50年内的实历冬至干支[1]，按干支序数编号甲子0，乙丑1，丙寅2，丁卯3……，列成冬至干支序数表（表1）。

再次，以干支序数为横坐标，年代为纵坐标，制成冬至干支序数散点图，观察何年之冬至点落在乙亥11线上，则该年为《天亡簋》的天象年代（图2）。

---

[1] 张培瑜：《三千五百年历日天象》，大象出版社，1997年，第895—896页。

表1　武王伐纣前后的冬至干支序数表

公元前	冬至	公元前	冬至	公元前	冬至	公元前	冬至	公元前	冬至
1070	癸卯 39	1060	乙未 31	1050	戊子 24	1040	庚辰 16	1030	壬申 08
1069	戊申 44	1059	庚子 36	1049	癸巳 29	1039	乙酉 21	1029	戊寅 14
1068	癸丑 49	1058	丙午 42	1048	戊戌 34	1038	辛卯 27	1028	癸未 19
1067	己未 55	1057	辛亥 47	1047	癸卯 39	1037	丙申 32	1027	戊子 24
1066	甲子 00	1056	丙辰 52	1046	己酉 45	1036	辛丑 37	1026	癸巳 29
1065	己巳 05	1055	辛酉 57	1045	甲寅 50	1035	丙午 42	1025	己亥 35
1064	甲戌 10	1054	丁卯 03	1044	己未 55	1034	壬子 48	1024	甲辰 40
1063	己卯 15	1053	壬申 08	1043	甲子 00	1033	丁巳 53	1023	己酉 45
1062	乙酉 21	1052	丁丑 13	1042	庚午 06	1032	壬戌 58	1022	甲寅 50
1061	庚寅 26	1051	壬午 18	1041	乙亥 11	1031	丁卯 03	1021	庚申 56

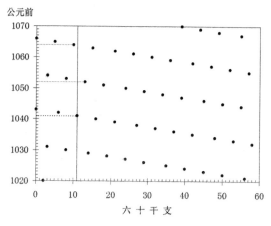

公元前

六 十 干 支

图2　武王伐纣前后冬至干支序数散点图

（实线为乙亥 11 线，虚线连接冬至密近乙亥的年份）

从冬至干支序数散点图可以看出，在武王伐纣前后的半个世纪中，冬至干支有四次靠近乙亥的机会，但只有三次密近乙亥 11 线。古代对冬至天象的观察容许有两天的误差，如《左传》记载两次冬至，鲁僖公五年（前 655 年）"辛亥朔，日南至"，比实历癸丑冬至提前两天；昭公二十年（前 522 年）"己丑，日南至"，比实历辛卯冬至早两天[1]。按此误差标准，上图显示有三次冬至密近乙亥的年代：

（1）公元前 1041 年，实历乙亥冬至。

（2）公元前 1064 年，冬至甲戌 10，比乙亥 11 提前一天。

（3）公元前 1052 年，冬至丁丑 13，比乙亥 11 滞后两天。

图像显示，只有公元前 1041 年的实历冬至才真正落在乙亥 11 线上，因此前 1041 年是《天亡簋》天象年代的最优解。其余两次冬至在当时也可以看作是符合"乙亥冬至"天象的。面对三个年代解，如何做出唯一性选择，还要结合文献进行讨论。

---

[1] 张培瑜：《中国先秦史历表》，齐鲁书社，1987 年，第 72、83 页。

五、对天象年代的讨论

关于武王在位的年数，有多种互相矛盾的说法，清梁玉绳《史记志疑·封禅书》总结有二、三、四、六、七年等说法[1]：

案：武王在位之年，无经典明文可据。此（《封禅书》）作二年，《汉书·律历志》作八年，并为西伯十一年，故《广弘明集》载陶隐居《年纪》称周武王治十一年也。而《诗·豳风谱疏》谓郑氏以武王疾瘳后二年崩，是在位四年，《疏》又引王肃云伐纣后六年崩，《周书·明堂解》、《竹书纪年》及《周纪集解》引皇甫谧并云六年，《管子·小问篇》作七年，《淮南子·要略训》作三年，《路史·发挥·梦龄篇》注合武王嗣西伯为七年，所说不同。后儒多从《管子》，如《稽古录》、《外纪》、《通志》等，俱是七年。余谓当依《周书》为近。

---

[1] 〔清〕梁玉绳:《史记志疑·封禅书》，中华书局，1981年，第798—799页。

以上诸说以武王伐纣后六年或七年而崩的说法较早，且独立来源的证据较多，列如下：

今本《竹书纪年》："（武王）十二年辛卯，王率西夷诸侯伐殷，败之于坶（牧）野。""（武王）十七年，命王世子诵于东宫。冬十有二月，王陟，年九十四。"

《逸周书·明堂解》："周公相武王以伐纣，夷定天下，既克纣六年，而武王崩。成王嗣，幼弱，未能践天子之位。"

《诗经·豳风谱》孔颖达《疏》引王肃《金縢》注云："《礼记》云'武王九十三而终'是为伐纣后六年而崩也。"

《史记·周本纪集解》引皇甫谧曰："武王定位年，岁在乙酉，六年庚寅崩。"

《管子·小问篇》："武王伐殷克之，七年而崩。"

按《竹书纪年》及"皇甫谧曰"，从武王伐纣年起算"六年而崩"，包括伐纣年在内。"七年崩"实际上是"六年崩"的另一说法，据今本《竹书纪年》武王在岁末的冬十二月崩，当年有闰月则是"六年十二月崩"，当闰而未闰就变成了"七年正月崩"。关于武王死时的年龄也可以这样看待，《礼记·文王世子》载"武王九十三而终"就是以闰年计算的结果，另一说终年九十四岁，则可能源自失闰的影响。

我们以《夏商周断代工程》所定武王伐纣年（前1046年）为基准（元年），其后第六年（前1041年），实际天象正好为"乙亥冬至"，与《天亡簋》"乙亥大礼"互相印证。查张培瑜历表，本年冬至月朔戊辰4，乙亥11为八日冬至[1]。又本年实历闰4月[2]，故《周历》有闰月则符合武王伐纣"六年崩"，无闰月则符合"七年崩"。

关于月序，《逸周书·周月解》"我周王致伐于商，改正异械，以垂三统。至于敬授民时，巡狩祭享，犹自夏焉。是谓周月，以纪于政"。是说周朝虽然改正易朔，宣布周历正月建子，但实际在授民时、巡狩、祭享等重要活动中犹自采用夏历。因此当时实际行用"正月建寅"（夏历同于今农历）的历法，其月序以冬

---

[1] 张培瑜：《中国先秦史历表》，齐鲁书社，1987年，第40页。

[2] 张培瑜：《三千五百年历日天象》，大象出版社，1997年，第498页。

至月为十一月。武王死于冬十二月，在冬至后一月，即武王举行祭天大礼之后返回周朝而崩。《天亡簋》记载"乙亥大礼"并未涉及武王崩，其制作时间当在冬至之后至武王崩之前，即公元前1041年农历（有闰）的十一月至十二月间。

传世本《尚书·金縢》首句云"既克商二年，王有疾弗豫"。《史记·鲁世家》载"武王克殷二年，天下未集，武王有疾不豫"。殆因武王患疾长期未愈，故《度邑解》言武王"久忧劳问"，但并未明言武王因此疾而崩。何况《金縢》有言曰"王翼日乃瘳"。此事今本《竹书纪年》载"（武王）十四年王有疾，周文公祷于坛墠，作《金縢》"，又载武王十七年冬十二月陟（崩），可知《金縢》之疾并未导致武王死亡。清华简《金縢》首句言"武王既克殷三年，王不豫有迟"。此"三年"与《竹书纪年》载十二年伐殷、十四年有疾相合。以武王八、九十高龄"有疾弗豫"实属常态，唯《史记·封禅书》言"武王克殷二年天下未宁而崩"，与诸本不同，实属孤证可疑。

综上所述，"乙亥冬至"的天象年代有三个，依据文献记载并参考《夏商周断代工程》所定之武王伐纣年，可作唯一选择：《天亡簋》的制作年代为公元前1041年。这年十二月武王崩，次年（前1040年）成王嗣立。此与《夏商周断代工程》所定之成王元年（前1042年）不合，聊以为"一家之言"云耳。《逸周书·明堂解》明言"武王崩，成王嗣，幼弱，未能践天子之位"，据此则成王元年或在周公居摄之后，容俟另文考之。

（原载《三代考古（六）》，科学出版社，2015年，第443—454页）

葛陵楚简历日"癸嬛"应为"癸巳"解

摘要：新蔡葛陵楚简郚郢之岁夏夕之月的历日"癸嬛"原释为"癸亥"，与根据简文推知的该年八月朔丙辰或丁巳相矛盾。据文献记载，"嬛"与"巳"均有复返义，结合筮占的择日习惯等，可认定"癸嬛"为"癸巳"，是当年的巳月巳日。

关键词：葛陵楚简，历日，上巳

新蔡葛陵楚墓竹简记载了九个纪年，其中"王徙于郚郢之岁"（简称"郚郢之岁"）出现次数最多，新蔡葛陵楚墓发掘报告 [1] 推断这年是墓主的卒年。这一年的记载集中在楚历的"宫月""夏夕""八月"三个

---

[1]　河南省文物考古研究所：《新蔡葛陵楚墓》，大象出版社，2003年。

连续月份，尤其是"夏夕"与"八月"两个紧密相连的月份中间仅缺"丙辰"一个日期，使得"鄩郢之岁"楚历"八月"的朔日仅有"丙辰""丁巳"两种可能（表1），从而为墓葬的历朔断年创造了条件。然而"夏夕"月的历日干支中有日名"癸嬛"，原发掘报告释为"癸亥"，与八月朔丙辰或丁巳相矛盾，这一疑难问题迄未解决，使历朔断年未能建立在严谨的科学基础之上。笔者根据相关文献记载，结合筮占的择日习惯等，认为"癸嬛"当释为"癸巳"，使上述疑难问题基本解决，简论如下。

（一）

关于葛简历日"癸嬛"的问题，李学勤先生早有论及 [1]：

> 尚有"夏夕之月，癸嬛之日"一例，见甲三：204 简，"癸嬛"报告认为即癸亥，但是从前后历

---

[1] 李学勤:《论葛陵楚简的年代》,《文物》2004 年第 7 期。

日看，夏夕绝不能有癸亥，是否"癸嬛"应另作解释，还是简文原有误记，暂置不论。

李先生提出问题而"暂置不论"的态度是严谨的，令人钦佩。笔者研究后认为"简文原有误记"的可能性不大，只能"另作解释"。为方便讨论问题，兹将葛简所记"鄩郢之岁"的历日干支列如表1。

表1 葛简"鄩郢之岁"的历日

颛顼历	葛陵楚简			可能日序						连续干支
寅正	亥正	日干支	简　号							
				1						丙辰
				2	1	1				丁巳
				3	2	2	1	1		戊午
				4	3	3	2	2	1	己未
				5	4	4	3	3	2	庚申
				6	5	5	4	4	3	辛酉
				7	6	6	5	5	4	壬戌
				8	7	7	6	6	5	癸亥
				9	8	8	7	7	6	甲子
三月				10	9	9	8	8	7	乙丑
				11	10	10	9	9	8	丙寅
				12	11	11	10	10	9	丁卯
				13	12	12	11	11	10	戊辰
	宫月	己巳	乙一16、26、2	14	13	13	12	12	11	己巳
				15	14	14	13	13	12	庚午
				16	15	15	14	14	13	辛未
				17	16	16	15	15	14	壬申
				18	17	17	16	16	15	癸酉
				19	18	18	17	17	16	甲戌
				20	19	19	18	18	17	乙亥
				21	20	20	19	19	18	丙子
				22	21	21	20	20	19	丁丑

颛顼历		葛陵楚简		可能日序						连续干支
寅正	亥正	日干支	简号							干支
				23	22	22	21	21	20	戊寅
				24	23	23	22	22	21	己卯
				25	24	24	23	23	22	庚辰
				26	25	25	24	24	23	**辛巳**
				27	26	26	25	25	24	壬午
				28	27	27	26	26	25	癸未
				29	28	28	27	27	26	甲申
				30	29	29	28	28	27	乙酉
四月				1	30	29	29	28		丙戌
				2	1	1	30	29		丁亥
				3	2	2	1			戊子
	夏夕	己丑	乙一4、5	4	3	3	2			己丑
				5	4	4	3			庚寅
				6	5	5	4			辛卯
				7	6	6	5			壬辰
	夏夕	癸媞	甲三204	8	7	7	6			**癸巳**
				9	8	8	7			甲午
				10	9	9	8			乙未
				11	10	10	9			丙申
				12	11	11	10			丁酉
				13	12	12	11			戊戌
				14	13	13	12			己亥
				15	14	14	13			庚子
				16	15	15	14			辛丑
				17	16	16	15			壬寅
				18	17	17	16			癸卯
				19	18	18	17			甲辰
	夏夕	乙巳	甲三225, 乙一12、18, 零332-2	20	19	19	18			**乙巳**

颛顼历	葛 陵 楚 简			可 能 日 序				连续
寅正	亥正	日干支	简　　号					干支
				21	20	20	19	丙午
				22	21	21	20	丁未
				23	22	22	21	戊申
				24	23	23	22	己酉
				25	24	24	23	庚戌
				26	25	25	24	辛亥
				27	26	26	25	壬子
	夏夕	癸丑	甲三299	28	27	27	26	癸丑
				29	28	28	27	甲寅
	夏夕	乙卯	甲三114、113	30	29	29	28	乙卯
五月				1	1	30	29	丙辰
	八月	丁巳	甲一3，甲二6、30、15等	2	2	1	1	丁巳
				3	3	2	2	戊午
				4	4	3	3	己未
				5	5	4	4	庚申
	八月	辛酉	甲二14、13，乙三29	6	6	5	5	辛酉
				7	7	6	6	壬戌
				8	8	7	7	癸亥
				9	9	8	8	甲子
				10	10	9	9	乙丑
				11	11	10	10	丙寅
				12	12	11	11	丁卯
				13	13	12	12	戊辰
	八月	己巳	甲三215、223	14	14	13	13	己巳
				15	15	14	14	庚午
				16	16	15	15	辛未

颛顼历	葛陵楚简			可能日序				连续干支
寅正	亥正	日干支	简号					干支
				17	17	16	16	壬申
				18	18	17	17	癸酉
				19	19	18	18	甲戌
				20	20	19	19	乙亥
				21	21	20	20	丙子
				22	22	21	21	丁丑
				23	23	22	22	戊寅
				24	24	23	23	己卯
	八月	庚辰	甲三221	25	25	24	24	庚辰
				26	26	25	25	辛巳
				27	27	26	26	壬午
				28	28	27	27	癸未
				29	29	28	28	甲申
六月				30	29	29		乙酉
							30	丙戌

除上表中的"癸嬛"之外，发掘报告另有："丁嬛"（乙四63、147，乙四105，零294、482，乙四129）、"乙嬛"（零170，零257）、"丁瞏"（乙四102，零717）、"乙瞏"（零214）、"乙遝"（甲三32，甲三342-2）等记载。报告整理者将嬛、瞏、遝等并释为"亥"字，显然是

不正确的。如表 1 所示，"癸亥"在"丁巳"以后的第七日，应是"鄅郢之岁"八月七日或八日，不可能在"夏夕"月内。

"嬛"文献亦作"嬛"，如《诗·唐风·杕杜》"独行嬛嬛"亦作"獨行嬛嬛"，《诗·周颂·闵予小子》"嬛嬛在疚"亦作"嬛嬛在疚"。《集韵》"嬛，复返也，与還徺并同"。《说文》"還，复也"，《玉篇》"還，反也"。"還"又与"環"同，如《汉书·食货志》"還庐树桑"，《礼记·玉藻》"周還中规，折還中矩"。《礼记·礼运》"五行、四时、十二月，還相为本也"，郑玄注："迭相终而還相始，如環无端也。"

关于"巳"字，《说文》："巳，已也。四月，阳气已出，阴气已藏，万物见，成文章，故巳为蛇，象形。"段玉裁注："巳不可像也，故以它像之。它长而冤曲垂尾，其字像蛇，则像阳已出、阴已藏矣。"《史记·律书》："巳者，言阳气之已尽也。"刘歆《西京杂记》卷 5 载董仲舒论"阴阳和气"云：

> "阳德用事，则和气皆阳，建巳之月是也，故谓之正阳之月。阴德用事，则和气皆阴，建亥

之月是也，故谓之正阴之月。"

"四月纯阳用事……自四月巳后，阴气始生于天上……遂至十月纯阴用事。二月八月，阴阳正等。"

《诗·小雅·正月》"正月繁霜"，郑玄笺"夏之四月，建巳之月"，孔颖达疏"谓之正月者，以乾用事，正纯阳之月"。《左传·昭公十七年》"唯正月朔"，杜预注"正月，谓建巳正阳之月也。于周为六月，于夏为四月"，孔颖达疏：

"阴阳之气，运行于天，一消一息，周而复始。十一月建子，为阳始。五月建午，为阴始。以《易》爻卦言之，从建子之后，每月一阳息，一阴消。至四月建巳，六阴消尽，六阳并盛，是为纯乾之卦，正阳之月也。从建午之后，每月一阴息，一阳消。至十月建亥，六阳消尽，六阴并盛，是为纯坤之卦，正阴之月也。"

要之，"建巳之月"是阴阳之气"周而复始"的终始点，故与"巳"字本身的象形相关联。"巳"字像蛇形，周而环绕，首尾相接，故可用来象征阴阳和气"周而复始"的含义。《史记·天官书》云"甘石历五星法，唯独荧惑有返逆行"，《汉书·天文志》言"古历五星之推，无逆行者，至甘氏石氏经，以荧惑太白为有逆行"，《开元占经》卷64引"甘氏曰：去而复还为勾，再勾为巳"，"石氏曰：东西为勾，南北为巳"，"郗萌曰：星行如巳字为巳"。《晋书·天文志》"荧惑……逆行成钩巳"。《开元占经》卷19引《石氏》曰"荧惑……成勾巳"。《宋史·天文志》"荧惑……或环绕勾巳"，"荧惑犯之……进退环绕勾巳"。《文献通考·象纬考》"月五星凌犯"条有云"去而复来，是谓'勾巳'"。故"勾巳"形可表示"去而复还""返逆行"的轨迹。

《汉书·律历志》"孳萌于子，纽牙于丑……已盛于巳"。《释名》"巳，已也，如出有所为，毕已复还而入也"。《玉篇》"巳，嗣也，起也"。总之，"巳"字作环曲的蛇形，象征"已而复还"之义，是一个"象意"字，可与還、環、嬛、罴等相通。故"癸嬛"当释为"癸巳"。

古音"嬛"在晓母元部，"罴、還"在匣母元部；

而"巳"在邪母之部，两者的声纽和韵部相去甚远，它们的通假与声韵无关，完全靠意义近同而相通。

（二）

从卜筮择日习俗上也可帮助判定"癸嬛"为"癸巳"。

《礼记·曲礼》："外事以刚日，内事以柔日。"郑玄注："顺其出为阳也，出郊为外事；内事顺其居内为阴也。"《礼记·表记》："有筮，外事用刚日，内事用柔日。"《仪礼·少牢馈食礼》"日用丁巳"，郑玄注"内事用柔日"，贾公彦疏"内事谓冠、昏、祭祀；出郊为外事，谓征伐、巡守之等。若然，甲丙戊庚壬为刚日，乙丁己辛癸为柔日"。

葛陵楚简"鄢郢之岁"所记几乎全为祭祀，故当用"柔日"。检视表 1 中的筮日，全用乙、丁、己、辛、癸等五个柔日，只有唯——个"刚日"——庚辰，然简文所记此日发生的事情与卜筮祭祷无关：

　　　　王徙于鄢郢之岁，八月庚辰之日，所受盟于

□。　　　（甲三221）

此盟誓可能与墓主死亡有关。从侯马、温县盟书的发现来看，盟誓一般在野外进行，属于"外事"，故此处"庚辰"为刚日。故葛陵楚简的筮占，严格遵守了"内事用柔日"的习惯。

由表1还可以看出，在"鄢郢之岁"有关筮占的择日习惯中，表现出"巳日"优先的倾向。所有三个连续月份见于记载的筮占日期中，共有九个日辰干支，其中五个为巳日，如亯月的己巳，夏夕的乙巳，八月的丁巳、己巳，加上夏夕的"癸嬛"为"癸巳"等。如此大多数筮占集中在巳日举行，显然是有意识选择的结果。这年的亯月、夏夕各有两个巳日，八月有三个巳日，本应在八月的第三个巳日"辛巳"举行筮占，但墓主在辛巳前已经亡故，故不得不提前一日在刚日庚辰举行盟誓。

文献典籍中有关于上巳日"祓除疾病"的记载，类似这种"巳日"优先的选择习惯，或可称为"巳日祓除"。《周礼·春官·女巫》"女巫掌岁时祓除衅浴"，郑玄注"岁时祓除，如今三月上巳，如水上之类；衅浴谓以香薰草药沐浴"，贾公彦疏"一月有上巳，据上旬之巳而为祓除之事，见今三月三日水上戒浴是也"。《后汉书·礼仪志》："是月上巳，官民皆絜（洁）于东流水上，曰洗濯祓除去宿垢疢为大絜。"《宋书·礼志》引《韩诗》："郑国之俗，三月上巳，之溱洧两水之上，招魂续魄。秉兰草，拂不祥。"《南齐书·礼志》："巳者祉也，言祈介祉也。一说三月三日清明之节，将修事于水侧，祷祀以祈丰年。"《文选》卷46《三月三日曲水诗序》李善注引《风俗通》曰："《周礼》'女巫掌岁时祓除疾病'。禊者絜也，于水上盥絜也。巳者祉也，邪疾已去，祈介祉也。《韩诗》曰三月桃花水之时，郑国之俗，三月上巳于溱、洧两水之上，执兰招魂，祓除不祥也。"（《艺文类聚》卷4引应劭《风俗通》与此同）。《后汉书·袁绍传》李贤注引："历法三月建辰，巳卯退出，可以拂除灾也。《韩诗》曰'溱与洧，方洹洹兮。'薛君注云'郑国之俗，三月上巳之辰，两水之上招魂续魄，拂除不祥。'"

因"上巳日"可"祓除疾病"，故又称此日为"上除""除巳"，汉徐干《齐都赋》："青春季月，上除之良，无大无小，祓于水阳。"蔡邕《祓禊文》："洋洋暮春，厥日除巳。"

上述"上巳祓除"的习俗，郑注源于《周礼》的"岁时祓除"，《韩诗》解为春秋时期的"郑国之俗"。看来应是先秦时期已经形成的比较普遍的习俗，南方的楚国也不例外，今从葛陵楚简看，不仅"暮春上巳"——葛简的亯月"己巳"是祓除日，其他"巳日"也在楚人的占筮活动中被予以优先考虑。尤其是在墓主病重临近死亡的最后三个月，每个巳日必有筮占。今补足"癸嬛"为"癸巳"，则夏夕月内的上巳与下巳日都有筮占。且在墓主死亡以前三个连续月份的六个巳日中，已有五个巳日举行了筮占，仅亯月"辛巳"未见记载，我们认为这一未见记载的巳日，可能是由于竹简残断造成的，并非没有举行巳日筮占或祓除。

（三）

将"癸嬛"释为"癸巳"，使我们得以顺利地排出"鄩郢之岁"亯月、夏夕、八月这三个月的连续干支及可能日序，并可看出楚简亥正"八月"只有朔丙辰或丁巳两种可能，"夏尸"月朔仅有丙戌、丁亥、戊子三种可能，而亯月朔日则有丙辰、丁巳、戊午、己未四种可能（表 1）。

新蔡葛陵楚墓发掘报告根据简文"册告自文王以就声王"的记载，推断"祭祷的年代可能在悼王之世"。我们认为这也是该墓的下限王世。根据笔者重新编排的颛顼历历谱，楚悼王时期只有八月朔丁巳这个唯一选项符合葛陵楚简的历朔条件。据此我们认为"鄴郢之岁"是楚悼王四年，即公元前 398 年。这与刘彬徽先生关于葛陵楚简年代的主张 [1] 不谋而合。

确定了"鄴郢之岁"的八月丁巳为朔日，从表 1 中一望可知，亯月"己巳"为该月的第一个巳日，即农历三月的"上巳"日。葛简"鄴郢之岁"中有明确月日的筮占自此日开始，当与先秦时期即已流行的在三月上巳日"祓除疾病""招魂续魄"等习俗有关。"癸嬛（巳）"是该年上巳节日以后的第三个巳日，是一系列"巳日祓除"中的一个环节。

葛简"癸嬛"是"鄴郢之岁"的一个特别历日——

---

[1] 刘彬徽：《新蔡葛陵楚简的年代》，《新出楚简国际学术研讨会论文集》（武汉 2006 年）；参见晏昌贵《"新出楚简国际学术研讨会"综述》，《中国史研究动态》2007 年第 3 期。

"重巳"日（巳月巳日）。按楚国历法，"夏夕"在"建巳之月"，相当于汉儒所谓的"正阳之月"；癸巳是"鄩郢之岁"夏夕月内的第一个巳日，即夏历的四月上巳日。此月"阳气已出，阴气已藏"，是阳阴和气"已而复还"的本始月；而"癸嬛"作为巳月巳日，更是"还相为本"的标志日。故自三月上巳以来的所有巳日中，这个"重巳"日被特别冠以"癸嬛"，大概是为了显示其"还相为本"的特殊含义。

（原载《中原文物》2009 年第 2 期，第 71—74 页）

葛陵楚简的历朔断年与纪年事件

摘要：葛陵楚简"鄩郢之岁"夏夕（七月）有乙卯，八月有丁巳，中间只差一日，故八月朔日只有丙辰和丁巳两种可能。简文祭祀先王名号最晚到楚声王，其年代范围应限制在声王之子悼王时期。查新编颛顼历只有楚悼王四年（前398年）八月朔丁巳同时符合历朔与王名限制条件，应是墓主卒年。又据简文"纪年事件"结合文献考出"我王之岁""陈异之岁""长城之岁"分别为前401、400、399年。

关键词：葛陵楚简，历朔，颛顼历，纪年事件

有关战国墓葬的考古学年代与分期，楚墓系列是解决得最好的，这与一些楚墓中出土竹简等文字材料可资断代有关。1994年发掘、2003年整理出版的《新

蔡葛陵楚墓》，提供了可以确定其绝对年代的竹简纪年材料，是近年来楚文化考古的重要发现之一。以往年代比较确定的楚都纪南城地区的楚墓，大都集中在战国中晚期，如江陵天星观、望山楚墓，荆门包山楚墓等，处于楚宣、威之际以及怀、襄之世，而葛陵楚墓在战国早中期之际的悼王时期，从而为楚墓分期增添了一个不可多得的参照标准。因此证认葛陵楚墓的绝对年代，尤其紧要。

一、以往的研究结论与述评

关于葛陵楚墓的绝对年代，目前主要有三种意见：第一种意见是，发掘报告《新蔡葛陵楚墓》认为"新蔡葛陵楚墓的年代约相当于战国中期前后，即楚声王以后，楚悼王末年或稍后，绝对年代约为公元前 340 年（楚宣王三十年）左右"[1]；第二种意见是，李学勤、刘信芳先生认为墓主卒年为公元前 377 年（楚肃王四

---

[1] 河南省文物考古研究所：《新蔡葛陵楚墓》，大象出版社，2003 年。

年）[1]；第三种意见是，刘彬徽、宋华强先生认为墓主卒年为公元前 398 年（楚悼王四年）[2]。近来李学勤先生放弃了肃王四年说，改从悼王四年说[3]。

上述分歧的产生主要在于采用的历法工具和建正不同，如刘彬徽主张楚历建丑，宋华强主张楚历建寅，刘信芳主张用张培瑜《中国先秦史历表》中的"冬至合朔时日表"（即"实历"）复原战国楚历谱[4]，李学勤先是用"精密的方法"（即"实历"）推算，后改用"古历"（与宋华强同）。笔者认为楚国行用颛顼历，楚简实际使用"颛顼大正"即亥正历法。刘彬徽主张的丑正与亥正相差两月，日数与六十甲子数相等或少一两日，两者同月份的朔日干支相同或相近，故刘彬徽首先得到正确年代。历朔与实朔相差几日是很正常的，刘信芳等采用实历，在大多数情况下都可能与当时的实际历

---

[1] 李学勤：《论葛陵楚简的年代》，《文物》2004 年第 7 期；刘信芳：《新蔡葛陵楚墓的年代以及相关问题》，《长江大学学报》（社会科学版）2004 年第 1 期。

[2] 刘彬徽：《葛陵楚墓的年代及相关问题的讨论》，《楚文化研究论集》第 7 集，岳麓书社，2007 年；宋华强：《新蔡葛陵楚简初探》，武汉大学出版社，2010 年。

[3] 李学勤：《清华简〈楚居〉与楚徙鄀郢》，《江汉考古》2011 年第 2 期。

[4] 刘信芳：《战国楚历谱复原研究》，《考古》1997 年第 11 期。

法不符，因此他没有得到正确年代。宋华强虽然主张楚历建寅，但在实际操作中使用的是亥正月序（先确定寅月，再从亥月数至八月），因此他也得到了正确年代。

大家都不约而同地使用张培瑜的《中国先秦史历表》（简称"张表"）作为历法工具，然而张表是现代科学历表，它对古代历表的复原在闰月设置上是有问题的。本文采取一种新的置闰方案，重新编排出相应的颛顼历谱表；根据从简文中提取的朔日数据，以祭祀中出现的楚王名号为约束条件，判断墓主卒年"鄢郢之岁"为楚悼王四年（前398年）。以此为基础进一步考论葛简的其他几个"纪年事件"与历史记载的对应关系，详述如次。

二、葛简中的历朔数据

新蔡葛陵楚墓竹简记载了九个纪年材料，这种"以事纪年"的材料，每个纪年采用一件政治、军事或外交方面的大事作为标志，我们不妨称这些用以纪年的历史事件为"纪年事件"。这九个纪年分别是：

（1）萎苕受如于楚之岁；

（2）□致师于陈之岁；

（3）句邘公郑途毇大城邮竝之岁；

（4）王复于蓝郢之岁；

（5）□公城鄗之岁；

（6）我王于林丘之岁；

（7）齐客陈异致福于王之岁；

（8）大莫敖瘍为晋师狩于长城之岁；

（9）王徙于鄩郢之岁。

发掘报告《新蔡葛陵楚墓》分析指出，"王徙于鄩郢之岁"（简称"鄩郢之岁"）是墓主平夜君成的卒年。可能正是"鄩郢之岁"是墓主卒年的缘故，该年的记载特别丰富，不经意间给我们留下了判断一个朔日干支的绝好材料，如简文（括号内为竹简编号）载有：

王徙于鄩郢之岁，夏夕之月，癸丑之日 （甲三 299）

王徙于鄩郢之岁，夏夕之月，乙卯之日 （甲三 114、113）

王徙于鄩郢之岁，八月，丁巳之日 （甲一 3，

甲二6、30、15, 甲二22、23、24, 甲三178,
甲三258）

楚国历法属于"颛顼历"系统, 有大、小正两种
月序, 长沙出土的楚帛书使用"寅正"月序, 是"颛顼
小正", 与《夏小正》相同, 即先秦古六历中所谓的颛
顼历。楚墓竹简普遍使用"亥正"月序,是"颛顼大正",
与"以十月为岁首"的秦历相同。"夏夕之月"是楚简
历法的七月, 那么楚简"鄂郢之岁"的"七月乙卯"与
"八月丁巳"之间只差"丙辰"一个干支, 故八月一日
（朔日）只有"朔丙辰"与"朔丁巳"两种可能（见表1）。

表1 葛简"鄂郢之岁"的历朔

颛顼历	葛简月名日干		可能日序				连续干支	干支序数
寅正	亥正	日干支						
四月	夏夕	癸丑	28	27	27	26	癸丑	44
			29	28	28	27	甲寅	45
	夏夕	乙卯	30	29	29	28	乙卯	46
?			1	1	30	29	**丙辰**	47
五月	八月	丁巳	2	2	1	1	**丁巳**	48

颛顼历的"上元"（历法起算点）为"正月朔日己巳立春"，这样的记载见于刘向《洪范五行传》（《新唐书·历志三》载僧一行《大衍历议·日度议》引）、蔡邕《月令论》引《颛顼历术》（《后汉书·律历志中》"熹平论历"刘昭注补）以及《续汉书·律历志》、唐《开元占经》等，故编制颛顼历的干支序数以己巳为起点，令己巳为0，庚午为1，辛未为2……，得丙辰为47，丁巳为48。于是我们得到一个珍贵的朔日数据，即楚历某年八月朔丙辰（47）或丁巳（48），这为葛陵楚简的历朔断年提供了科学依据。

三、葛简年代范围的约束条件

历朔断年具有周期性，会出现多种选择，这就需要尽可能地提供其年代范围的约束条件，方可得到可靠结论。某个历朔数据，在一定的年代范围内可以得到唯一结论。年代范围限制得越明确、越狭窄，历朔断年就越准确可信。

新蔡葛陵楚墓发掘报告从墓葬层位、器物形制以及墓主世系等项，推断该墓属于战国中期，即楚声王以后，楚悼王末年或稍后。李学勤先生根据传世平夜君成鼎的形制判断，其年代在战国中期偏早 [1]。从葛陵楚简记载祭祷先王的名号中，可以推断出更狭窄的限制条件。如葛简记载祭祷对象有两类先王，简文云：

> 赛祷于荆王以逾，训至文王以逾 （甲三5）
>
> 荆王、文王以逾至文君 （零301、150）

何琳仪先生释"以逾"犹"以降"，"训至"典籍作"驯致"[2]。前一类祭祷对象自"荆王以逾"至文王以前的先王，简文中只出现"荆王"。《史记·楚世家》载："熊绎当周成王之时，举文、武勤劳之后嗣，而封熊绎于楚蛮，封以子男之田，姓芈氏，居丹阳。"《左传·昭公十二年》载楚右尹子革曰："昔我先王熊绎，辟在荆山。"以此知"荆山"就在"丹阳"；简文中的"荆王"当是楚人自称的"先王熊绎"。后一类祭祷对象自"文王以逾"的诸王中，简文出现的有文王、平王、昭王、

---

[1] 李学勤：《论葛陵楚简的年代》，《文物》2004年第7期。

[2] 何琳仪：《新蔡竹简选释》，《安徽大学学报》（哲学社会科学版）2004年第3期。

惠王、简王、声王等。

楚人在祭祀时对两类先王予以区别，可能与他们所居都城（宗庙）不在同一地点有关。简文云：

> 昔我先出自郱邍，宅兹沮漳以选迁处 （甲三11、24）

前者为楚先祖发源地，当指丹淅之会的丹阳；后者为"迁（都）处"，应即沮漳之会的江陵郢都。前一类祭祀自荆王始，祭祀对象是宗庙在丹阳的诸先王；后一类祭祀自文王始，则可能与楚文王"始都郢"有关，并且自文王以后都城（宗庙）一直在郢。楚文王迁都郢，得到文献记载的有力证明，如《史记·楚世家》《十二诸侯年表》载："楚文王熊赀元年，始都郢。"《后汉书·地理志》"江陵"下自注："故楚郢都，楚文王自丹阳徙此。"还有两次举祷时"册告"自文王迁都以来所有故去而宗庙在郢都的先王：

> 册告自文王以就圣（声）桓王 （甲三137，甲三267）

这更加证明了文王"始都郢"的可靠性。

虽然文献并没有关于楚武王都郢的记载，但仍有学者根据对文献的不同理解，提出"楚武王都郢"说，如清人宋翔凤《过庭录·楚鬻熊居丹阳武王徙郢考》，石泉《楚都何时迁郢》，考证楚武王晚年已自丹阳迁郢都[1]。此论为葛陵楚简证实为错误。然而令人意想不到的是，新出清华简《楚居》载："至武王酓达自宵徙居免焉，始□□□□□福。众不容于免，乃渍疆郢之陂而宇人焉，抵今曰郢。"[2] 王红星据此推断石泉"武王都郢"说更为可信[3]。笔者认为从葛陵楚简"册告自文王"不难得出自楚文王始"宅兹沮漳"的结论，从清华楚简不难得出楚武王始迁郢都的结论，两者互相矛盾，必有一错。但葛陵楚简是经过科学发掘出土的，不可能有错，这不得不令我们对清华简《楚居》篇的真实性产生警惕。

墓主平夜君"册告"的是自都郢以来的所有先王，

[1] 石泉:《楚都何时迁郢》,《古代荆楚地理新探》,武汉大学出版社, 1988 年。

[2] 李学勤主编:《清华大学藏战国竹简（壹）》,中西书局, 2010 年。

[3] 王红星:《楚郢都探索的新线索》,《江汉考古》2011 年第 3 期。

而止于楚声王。楚声王为盗所杀，其子悼王即位；楚悼王死后，其子肃王即位。"册告"止于楚声王，这说明其时代在楚声王之后，而且必定在悼王之世。如果在肃王及其以后诸世，则悼王等必然出现在"册告"的先王系列之中。楚悼王公元前401—前381年在位，因此"鄢郢之岁"八月朔丁巳或朔丙辰，只可能发生在楚悼王在位的二十一年中。总之，葛陵楚简的历朔断年，可以限定在唯一王世，应该是比较理想的限制条件。

四、编排历谱与历朔断年

《史记·楚世家》载："楚之先祖出自帝颛顼高阳。"屈原《离骚》自称："帝高阳之苗裔兮。"颛顼帝最著名的历史功绩就是"命南正重司天以属神，命火正黎司地以属民"（《国语·楚语下》）。即任命"南正重"观察天象以制定祭祀历——神历（大正），任命"火正黎"观察地物以制定物候历——民历（小正）。"南正重"与"火正黎"合称"重黎氏"，是上古著名的历法世家，在帝喾时被称为"祝融氏"，是楚人共同的祖先。也就是说东周时期的楚国王室贵族，是上古创制颛顼历的历法世家"重黎氏"的后裔，这种历史传统决定了楚国历法只能是颛顼历系统。从一开始的观象授时阶段，颛顼历就有"神历"与"民历"之分，至推步历阶段形成"大正"与"小正"之分。大、小正仅有建正之分，历法术数并无不同。颛顼历原本行用于楚国，后为秦及汉初施行，出现民神历杂糅、大小正并用的局面，如云梦睡虎地秦简《日书》有一份《秦楚月名对照表》，秦月名用小正（寅正），楚月名用大正（亥正），形成"以十月为岁首"的"亥首寅正"历，即秦汉颛顼历。

"颛顼历"是先秦"古六历"之一，《宋书·律历志下》载祖冲之谓"古之六术，并同四分"，为历家所公认，故我们采用"四分历"数据编排楚历谱。"四分历"有两个基本数据：一是"岁实"（回归年）为 $365\frac{1}{4}$ 日；二是"十九年七闰"，即一年有 $12\frac{7}{19}$ 个月。据此推得"朔策"（朔望月）为 $365\frac{1}{4} \div 12\frac{7}{19} = 29\frac{499}{940}$ 日。"四分历"由"章蔀纪元"构成，19 年为一章，四章为一蔀，一蔀 76 年；二十蔀为一纪，一纪 1520 年；三纪为一元，一元 4560 年。《后汉书·律历志下》谓："至朔同日谓之章，同在日首谓之蔀，蔀终六旬谓之纪，岁朔又复谓之元。"蔀年76岁是一个重要周期，颛顼历一蔀之始，表现为立春合朔同时发生在"日首"，故将该日名干支谓之"蔀首"。每一蔀内的气朔分布结构完全相同，但日名、年名干支不同；一纪之后恢复气朔干支的六十甲子相同，一元之后则恢复年名干支相同。因此我们只需要排出一蔀76年的历谱即可，其他蔀可在已知某蔀的历谱结构上，以新的蔀首为起点，依次替换原先的气朔干支，即可得到所求新蔀的历谱。

《新唐书·律历志》载一行《日度议》："鲁宣公十五年丁卯岁，《颛顼历》第十三蔀首，与《麟德历》俱以丁巳平旦立春。至始皇三十三年丁亥，凡三百八十岁，得《颛顼历》壬申蔀首，是岁秦历以壬申寅初立春。"以《开元占经》所载上元积年验算得：鲁宣公十五年（前594年）为颛顼历丁巳蔀首，秦始皇三十三年（前214年）为壬申蔀首，《开元占经》与《新唐书》所载互相吻合[1]。这两个"入蔀年"是弥足珍贵的年代基点，它们使颛顼历的"章蔀纪元"与历

---

[1]　张培瑜：《中国先秦史历表》，齐鲁书社，1987年，第252页。

史纪年对应起来，从而使得根据历法知识推断历史年代的科学方法成为可能。我们进而推得楚悼王（前401—前381年在位）的时代，处在颛顼历第十五蔀即乙亥蔀（前442—前366年）内，我们只需编算颛顼历乙亥蔀历谱即可。

置闰规则按"履端于始，举正于中，归馀于终"（《左传·文公元年》）的法则，将闰月置于大正岁终，相当于秦历的"后九月"。某年置闰与否视立春位置而定，立春干支与立春月朔日干支的距离谓之"立春月龄"，由下式算得[1]：

$$365\frac{1}{4}\,T - [\,29\frac{499}{940}\,]r = 10\frac{827}{940}\,T - [\,29\frac{499}{940}\,]r$$

式中 $[\,29\frac{499}{940}\,]r$ 表示"朔策"的整数倍。按此式算得一章之内十九个"立春月龄"按大小排列依次为 0、

$1\frac{521}{940}$、$3\frac{102}{940}$、$4\frac{623}{940}$、$6\frac{204}{940}$、$7\frac{725}{940}$、$9\frac{306}{940}$、$10\frac{827}{940}$、$12\frac{929}{940}$、

$13\frac{929}{940}$、$15\frac{510}{940}$、$17\frac{91}{940}$、$18\frac{612}{940}$、$20\frac{193}{940}$、$21\frac{714}{940}$、$23\frac{295}{940}$、

$24\frac{816}{940}$、$26\frac{397}{940}$、$27\frac{918}{940}$。显然"立春月龄"大者须置闰，

---

[1] 严敦杰：《释四分历》，《中国古代天文文物论集》，文物出版社，1989年，第105页。

依据"十九年七闰"法，当以七个大的立春月龄所在年为闰年，易知十九个月龄中大于 18 者有七个，故立春月龄大于 18 的年份必须置闰为"后九月"。

根据以上"四分术"的基本数据和规则，可编排出所求历史年代的颛顼历谱。命算己巳（以己巳干支序数为 0），自蔀首（前 442 年）起第 T 年的立春干支序数是[1]：

$$365\frac{1}{4} T - [60]r = 5\frac{1}{4} T - [60]r$$

式中 [60]r 表示六十甲子周期的整数倍；T 是自蔀首起算的积年，可换算为公元年数：t = T - 442。

第 T 年第（N+1）月的朔日干支序数是：

$$\left(5\frac{1}{4} T - [60]r \right) - \left(10\frac{827}{940} T - [29\frac{499}{940}]r \right) + [29\frac{499}{940}] N - [60]r$$

运用上两式算得立春和朔日干支序数，排出楚悼王（前 401—前 381 年）、肃王（前 380 —前 370 年）在位时期颛顼历的每年立春和每月朔日干支序数，如表 2：

[1]　严敦杰：《释四分历》,《中国古代天文文物论集》, 文物出版社, 1989 年, 第 104 页。

表2 楚悼、肃时期立春、月朔干支序数表

年	公元前	立春干支	立春月龄	正月 荆尸	2月 夏尸	3月 盲月	4月 夏夕	5月 八月	6月 九月	7月 十月	8月 爨月	9月 献马	后9月 闰月	10月 冬夕	11月 屈夕	12月 援夕
悼	401	41.25	3.11	38.14	7.67	37.20	6.73	36.26	5.80	35.33	4.86	34.39		3.92	33.45	2.98
2	400	46.5	13.99	32.51	2.04	31.57	1.10	30.64	0.17	29.70	59.23	28.76		58.29	27.82	57.35
3	399	51.75	24.87	26.88	56.41	25.94	55.47	25.01	54.54	24.07	53.60	23.13	52.66	22.19	51.72	21.25
4	398	57	6.22	50.78	20.31	49.84	19.38	48.91	18.44	47.97	17.50	47.03		16.56	46.09	15.62
5	397	2.25	17.10	45.15	14.68	44.21	13.75	43.28	12.81	42.34	11.87	41.4		10.93	40.46	9.99
6	396	7.5	27.98	39.52	9.05	38.59	8.12	37.65	7.18	36.71	6.24	35.77	5.30	34.83	4.36	33.89
7	395	12.75	9.33	3.42	32.96	2.486	32.02	1.55	31.08	0.61	30.14	59.67		29.20	58.73	28.26
8	394	18	20.21	57.79	27.33	56.86	26.39	55.92	25.45	54.98	24.51	54.04	23.57	53.10	22.63	52.16
9	393	23.25	1.55	21.70	51.23	20.76	50.29	19.82	49.35	18.88	48.41	17.94		47.47	17.00	46.54
10	392	28.5	12.43	16.07	45.6	15.13	44.66	14.19	43.72	13.25	42.78	12.31		41.84	11.37	40.91
11	391	33.75	23.31	10.44	39.97	9.50	39.03	8.56	38.09	7.62	37.15	6.68	36.21	5.75	35.28	4.81
12	390	39	4.66	34.34	3.87	33.40	2.93	32.46	1.99	31.52	1.05	30.58		0.12	29.65	59.18
13	389	44.25	15.54	28.71	58.24	27.77	57.30	26.83	56.36	25.89	55.42	24.95		54.49	24.02	53.55
14	388	49.5	26.42	23.08	52.61	22.14	51.67	21.20	50.73	20.26	49.79	19.32	48.86	18.39	47.92	17.45
15	387	54.75	7.77	46.98	16.51	46.04	15.57	45.10	14.63	44.16	13.69	43.23		12.76	42.29	11.82
16	386	0	18.65	41.35	10.88	40.41	9.94	39.47	9.00	38.53	8.07	37.60	7.13	36.66	6.19	35.72
17	385	5.25	0	5.25	34.78	4.31	33.84	3.37	32.90	2.44	31.97	1.50		31.03	0.56	30.09
18	384	10.5	10.88	59.62	29.15	58.68	28.21	57.74	27.27	56.81	26.34	55.87		25.40	54.93	24.46
19	383	15.75	21.76	53.99	23.52	53.05	22.58	52.11	21.64	51.18	20.71	50.24	19.77	49.30	18.83	48.36
20	382	21	3.11	17.89	47.42	16.95	46.48	16.01	45.55	15.08	44.61	14.14		43.67	13.20	42.73
21	381	26.25	13.99	12.26	41.79	11.32	40.85	10.39	39.92	9.45	38.98	8.51		38.04	7.57	37.10
肃	380	31.5	24.87	6.63	36.16	5.69	35.22	4.76	34.29	3.82	33.35	2.88	32.41	1.94	31.47	1.00
2	379	36.75	6.22	30.53	0.06	29.59	59.13	28.66	58.19	27.72	57.25	26.78		56.31	25.84	55.37
3	378	42	17.10	24.90	54.43	23.96	53.50	23.03	52.56	22.09	51.62	21.15		50.68	20.21	49.74
4	377	47.25	27.98	19.27	48.80	18.34	47.87	17.40	46.93	16.46	45.99	15.52	45.05	14.58	44.11	13.64
5	376	52.5	9.33	43.17	12.71	42.24	11.77	41.30	10.83	40.36	9.89	39.42		8.952	38.48	8.01
6	375	57.75	20.21	37.54	7.08	36.61	6.14	35.67	5.20	34.73	4.26	33.79	3.32	32.85	2.38	31.91
7	374	3	1.55	1.45	30.98	0.51	30.04	59.57	29.10	58.63	28.16	57.69		27.22	56.75	26.29
8	373	8.25	12.43	55.82	25.35	54.88	24.41	53.94	23.47	53.00	22.53	52.06		21.59	51.12	20.66
9	372	13.5	23.31	50.19	19.72	49.25	18.78	48.31	17.84	47.37	16.90	46.43	15.96	45.49	15.03	44.56
10	371	18.75	4.66	14.09	43.62	13.15	42.68	12.21	41.74	11.27	40.80	10.33		39.86	9.40	38.93
11	370	24	15.54	8.46	37.99	7.52	37.05	6.58	36.11	5.64	35.17	4.7		34.24	3.77	33.30

上表中悼王时期"立春月龄"大于 18 者，有公元前 399、396、394、391、388、386、383 等七个年份；肃王时期"立春月龄"大于 18 者，有公元前 380、377、375、372 等四个年份。为保证其立春日恒在"正月"，须在这些年份的"后 9 月"栏内设置闰月。

检视上表，在楚历"八月"栏内，符合朔日干支序数"丙辰 47"或"丁巳 48"的仅有两个年份：楚悼王四年（前 398 年）序数为"48.91"，肃王九年（前 372 年）序数为"48.31"。若放置在颛顼历乙亥蔀（前 442—前 366 年）的 76 年内讨论，符合八月朔日的年份也只增加了一个，即楚简王二十四年（前 408 年）八月朔丙辰（47.08），如图 1 所示。

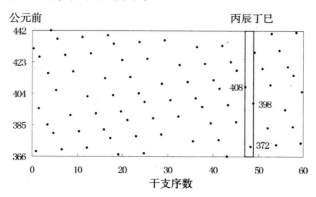

图 1　颛顼历乙亥蔀八月朔干支序数散点图

据上所列图表，仅从历朔条件而言，"鄩郢之岁"有前408、398、372年三种可能。然而，根据葛陵楚简的王名约束条件，只有楚悼王四年（前398年）八月朔丁巳（48.91），才是唯一的正确选项，其他年份均无可能。据此笔者认为，葛陵楚简"王徙于鄩郢之岁"为楚悼王四年，即公元前398年是墓主平夜君成的卒年。

需要说明的是，为了便于讨论问题，表2特地列出肃王时期的立春干支、立春月龄以及朔日干支序数等数据。李学勤先生根据饶尚宽《春秋战国秦汉朔闰表》[1]、刘信芳先生根据张培瑜《中国先秦史历表》[2]，主张墓主卒于楚肃王四年（前377年）。然而根据笔者编排的悼肃时期历谱数据，肃王四年楚历八月朔干支为丙戌（17.4），不符合简文八月朔丙辰（47）或丁巳（48）的要求。笔者新编历谱与张培瑜《历表》在本年（前377年）相差一个月，盖由张表多设置一个闰月所致。为直观起见，特将悼王时期的气朔干支序数转换为六十甲子名，列为历谱（表3）。

---

[1]　饶尚宽：《春秋战国秦汉朔闰表》，商务印书馆，2006年，第90页。

[2]　张培瑜：《中国先秦史历表》，齐鲁书社，1987年。

表 3　楚悼王时期气朔闰历谱表

王年	公元前	立春干支	立春月龄	立春月 荆尸	2月 夏尸	3月 亯月	4月 夏夕	5月 八月	6月 九月	7月 十月	8月 爨月	9月 献马	后9月 闰月	10月 冬夕	11月 屈夕	12月 援夕
悼	401	庚戌	3.11	丁未	丙子	丙午	乙亥	乙巳	甲戌	甲辰	癸酉	癸卯		壬申	壬寅	辛未
2	400	乙丑	13.99	辛丑	辛未	庚子	庚午	己亥	己巳	戊戌	戊辰	丁酉		丁卯	丙申	丙寅
3	399	庚戌	24.87	乙未	乙丑	甲午	甲子	甲午	癸亥	癸巳	壬戌	壬辰	辛酉	辛卯	庚申	庚寅
4	398	丙寅	6.22	己未	己丑	戊午	戊子	丁巳	丁亥	丙辰	丙戌	丙辰		乙酉	乙卯	甲申
5	397	辛巳	17.10	甲寅	癸未	癸丑	壬午	壬子	辛巳	辛亥	庚辰	庚戌		己卯	己酉	戊寅
6	396	丙子	27.98	戊申	戊寅	丁未	丁丑	丙午	丙子	乙巳	乙亥	甲辰	甲戌	癸卯	癸酉	壬寅
7	395	辛巳	9.33	壬申	辛丑	辛未	辛丑	庚午	庚子	己巳	己亥	戊辰		戊戌	丁卯	丁酉
8	394	丁亥	20.21	丙寅	丙申	乙丑	乙未	甲子	甲午	癸亥	癸巳	癸亥	壬辰	壬戌	辛卯	辛酉
9	393	壬辰	1.55	庚寅	庚申	己丑	己未	戊子	戊午	丁亥	丁巳	丙戌		丙辰	乙酉	乙卯
10	392	丁酉	12.43	乙酉	甲寅	甲申	癸丑	癸未	壬子	壬午	辛亥	辛巳		庚戌	庚辰	己酉
11	391	壬寅	23.31	己卯	戊申	戊寅	戊申	丁丑	丁未	丙子	丙午	乙亥	乙巳	甲戌	甲辰	癸酉
12	390	庚申	4.66	癸卯	壬申	壬寅	辛未	辛丑	庚午	庚子	庚午	己亥		己巳	戊戌	戊辰
13	389	癸丑	15.54	丁酉	丁卯	丁酉	丙寅	乙未	乙丑	甲午	甲子	癸巳		癸亥	癸巳	壬戌
14	388	戊午	26.42	壬辰	辛酉	辛卯	庚申	庚寅	己未	己丑	戊午	戊子	丁巳	丁亥	丙辰	丙戌
15	387	癸亥	7.77	丙戌	乙酉	乙卯	甲申	甲寅	癸未	癸丑	壬午	壬子		辛巳	辛亥	庚辰
16	386	己巳	18.65	庚戌	己卯	己酉	戊寅	戊申	丁丑	丁未	丙子	丙午	丙子	乙巳	乙亥	甲辰
17	385	甲子	0	甲戌	癸卯	癸酉	壬寅	壬申	辛丑	辛未	庚子	庚午		庚子	己巳	己亥
18	384	丁卯	10.88	戊辰	戊戌	丁卯	丁酉	丙寅	丙申	乙丑	乙未	甲子		甲午	癸亥	癸巳
19	383	壬申	21.76	壬戌	壬辰	辛酉	辛卯	庚申	庚寅	己丑	己未	己未	戊子	戊午	丁亥	丁巳
20	382	丙寅	3.11	丁亥	丙辰	乙酉	乙卯	乙酉	甲寅	甲申	癸丑	癸未		壬子	壬午	辛亥
21	381	乙未	13.99	辛巳	庚戌	庚辰	己酉	己卯	戊申	戊寅	丁未	丁丑		丁未	丙子	丙午

五、楚悼王时期的军事形势

当"鄝郢之岁"确认为楚悼王四年后,把葛陵楚简的"纪年事件"置于悼王时期的军事形势和历史背景下来考察,更有利于接近历史的真实。悼王早期,楚国主要与新从晋国中分立出来的韩、赵、魏三国作

以下简称“我王之岁”。“我王”事件即“杀王”事件，《史记·楚世家》载：“声王六年（前402年），盗杀声王。”《说文解字》“我……一曰古杀字”。郑樵《通志·六书略·会意》“我也，戍戚也，戊也，皆从戈，有杀伐之义”。《尚书·泰誓》“我伐用张”，《孟子·滕文公》引作“杀伐用张”。因此葛简“我王”事件应即“盗杀声王”事件。既为“盗”所杀，说明楚王必不在都城。“林丘”，何琳仪先生解即“廪丘”[1]，甚确，地在今山东郓城县西境之水堡。《正义》引“《谥法》云‘不生其国曰声’也”，亦说明楚声王横死于国（都）外。按楚人“以前年之事纪次年之岁”的规则[2]，“我王之岁”应为楚悼王元年，即公元前401年。

“齐客陈异致福于王之岁”（简称“陈异之岁”）有“献马之月，丁酉之日”（甲三217）以及“献马之月，乙睘（巳）之日”（零214）两条记载，符合表1悼王二年（前400年）“献马”月朔丁酉的条件。按纪年规则，

[1] 何琳仪：《新蔡竹简选释》，《安徽大学学报》（哲学社会科学版）2004年第3期。

[2] 刘彬徽：《从包山楚简纪时材料论及楚国纪年与楚历》，《包山楚墓》，文物出版社，1991年。

"陈异致福于王"事件发生在悼王元年，这一年新王即位，齐楚方睦，故齐客远来"致福于王"，理所当然。

另有一件"致师于陈"（甲三49）的纪年事件，可能与楚声王有关。春秋陈国为楚惠王所灭，此后"陈"（今淮阳）成为楚东国的军事重镇，《吕氏春秋·慎势》载"（楚）声王围宋十月"。如若灭宋并占有宋地，即可打通由陈通向泗上的道路，使东北方向的楚国占领地区东西连成一片，这是楚声王经略东国的重要战略部署。陈在楚师攻宋（今商丘）的必经之道上，声王必先"致师于陈"，然后可"围宋"。故"致师于陈之岁"应在"我王之岁"以前。

七、长城战事与"长城之岁"

葛陵楚简的"纪年事件"中有一次楚与"晋师"发生在"长城"一带的战事，此事在典籍中并无明确记载：

> 大莫嚣觑为［狩］于长城之［岁］　（甲三36）
> 莫嚣昜为晋师狩于长［城］……　（甲三296）

以下简称为"长城之岁"。齐长城始建于春秋中期，《左传·襄公十八年（前555年）》载："晋侯伐齐，将济河……齐侯御诸平阴，堑防门而守之广里。"《管子·轻重》云："阴、雍、长城之地"。又云："长城之阳，鲁也；长城之阴，齐也。""防门"又称"钜防"，位于古济水河畔，相传在今山东长清县西南与平阴县临近的孝里镇广里村，这里是由晋宋进入齐鲁的重要渡口和关防，也是齐长城的起点。

20世纪20年代洛阳金村出土《骉羌钟》铭文称"惟廿又再祀……率征秦迮齐，入长城，先会于平阴"[1]，与《水经注·汶水》引《竹书纪年》载晋烈公十二年（前404年）韩赵魏"伐齐入长城"正好在周威烈王廿二年（前404年），与铭文"惟廿又再祀"相合。李学勤先生谓《骉羌钟》"入长城"之年（前404年）即葛简"大莫敖阳为、晋师战于长城之岁"[2]，笔者献疑焉。《骉羌钟》所载长城战事为三晋伐齐之战，在此前一年（前405年）的廪丘之战中，"（晋师）与齐人战，大败之。齐将死，得车二千，得尸三万以为二京"（《吕氏春秋·不

---

[1] 郭沫若：《骉苟钟铭考释》，《金文丛考》，人民出版社，1954年。

[2] 李学勤：《论葛陵楚简的年代》，《文物》2004年第7期。

广》)。《戜羌钟》有"武侄寺（恃）力，言敚楚京"一语，其"楚京"当指积尸"二京"而言，实与楚无关。此战晋师济河从廪丘决战，然后乘胜北上，"先会于平阴"，再"入长城"，是从侧后入长城，使防门之堑形同虚设。由于廪丘大败，齐国无力再战，魏文侯得以"虏齐侯，献诸天子"（《吕氏春秋·下贤》），实际上是请齐侯向周王"求名"，请求分封三晋为诸侯。次年（前403年）周威烈王果然"命韩、赵、魏为诸侯"（《史记·周本纪》《六国年表》）。"三家分晋"是中国历史上的重大事件，史载甚详，其间并无楚人参与，故葛陵楚简所载长城战事当与《戜羌钟》"入长城"一事无关。

我们认为莫嚣易为"狩于长城"的战事仍然发生在齐长城一线。《楚世家》载楚惠王四十四年（前445年）灭杞（今河南杞县），"是时……楚东侵，广地至泗上"；简王元年（前431年），楚灭莒（今莒县），从而形成楚、齐隔长城而接壤的态势。齐长城呈东西向，能隔绝南北往来，却不能阻止东西向的进攻，故三晋之兵往往沿长城一线进犯楚国的长城以南以及汶泗占领区。长城南侧的"肥"邑及泗上门户"乘丘"便成为楚军防范齐军南下和抵御三晋东侵的两处军事要塞。

《楚世家》载"悼王二年（前400年），三晋来伐楚，至乘丘而还"（《六国年表》略同）。"乘丘"一作"桑丘"，地在今兖州市嵫山以西不远处（详见下文）。

至于肥邑，葛陵楚简载云：

王自肥还郢，徙于鄩郢之岁　（甲三240）

此简宋华强改释为"王自肥遗郢徙于鄩郢之岁"[1]。"肥遗郢"是一个新颖提法，文献所见诸郢中有郊郢、鄢郢、都郢、纪郢、寿郢、陈郢等，何琳仪指出楚简文字中已出现郢、郊郢、蓝郢、并郢、朋郢、鄩郢等，故凡楚王驻跸之地皆可称"郢"[2]；清华简《楚居》又集中出现疆郢、和郢、樊郢、为郢、免郢、若郢、睽郢、美郢、鄂郢、鄢郢、蓝郢、倗郢、栽郢、鄩郢等14个带"郢"字的地名，并且出现"肥遗"地名，但并不叫"肥遗郢"。这使我们不得不产生疑问：《楚居》列举

---

[1] 宋华强：《新蔡葛陵楚简初探》，武汉大学出版社，2010年，第70—71页。

[2] 何琳仪：《新蔡竹简选释》，《安徽大学学报》（哲学社会科学版）2004年第3期。

了 14 个"郢",如果"肥遗"也是诸郢之一,应该直接写作"肥遗郢",不应省略"郢"字。那么合理的推断就是:要么宋华强的考释是错的,没有"肥遗郢"这个地名;要么宋华强的考释是对的,《楚居》的抄写者错了,把本应为"肥遗郢"的地名抄成了"肥遗"——一字之差使"肥遗"与诸郢无缘。如果是后者,那么《楚居》"肥遗"地名的出现,在印证宋华强"肥遗郢"正确的同时,也使自身露出了破绽。

葛陵楚简中有地名"肥陵"(甲三 175),《史记·淮南王列传》记淮南厉王"葬之肥陵邑",何琳仪指出此即楚简之肥陵,在肥水之上,今之安徽寿县[1]。笔者认为"肥"因与长城战事有关,其地应在齐长城附近。《汉书·地理志》泰山郡"肥成"县下自注"应劭曰肥子国"。《水经注·汶水》"乐正子春谓其弟子曰:子适齐过肥,肥有君子焉"。《后汉书·章帝纪》"凤凰集肥城",章怀太子李贤注"肥城,县名,属太山郡,故城在今济州平阴县东南"。《读史方舆纪要》卷 31 "济南府·肥城县"条:"肥城故城在县西……太子贤曰'故城在今

---

[1]　何琳仪:《新蔡竹简选释》,《安徽大学学报》(哲学社会科学版) 2004 年第 3 期。

平阴县东南'。《志》云'县北五十里有古长城'。"今山东肥城县北部有齐长城遗迹。

按前文所考"鄩郢之岁"为悼王四年，则其纪年事件"王自肥还郢"发生在悼王三年。此前悼王二年"三晋伐楚"可能是由长城沿线侵肥邑未果，然后南下至乘丘的。因其无功而返，足见楚军长城防线坚固，三晋威胁基本解除，于是楚王可以放心离开肥邑，这应是"王自肥还郢"的真正原因。因之此次"三晋伐楚"事件，就是葛简所载"易为、晋师狩于长城"的纪年事件。

晋楚长城战事的起因可能是楚声王为盗所杀，新王即位不熟悉前线战事，三晋乘机攻楚，以图抢夺楚国的汶泗占领区。此次晋师攻楚发生在齐康公为三晋"求名"之后的第三年，晋人可能向齐国假道从平阴防门入长城，而楚国的"大莫敖易为"也在长城一线防守，新即位的楚王也赶至肥邑坐镇。三晋"狩于长城"而后进兵至"乘丘"，耀武扬威后便撤返了，并未进入泗上腹地。因此"大莫嚣易为晋师狩于长城"一事，实即《楚世家》所载楚悼王二年（前400年）"三晋伐楚至乘丘"的历史事件，根据纪事规则"长城之岁"应是楚悼王三年（前399年）。

八、鄝鄛之岁与"楚伐周"事件

"鄝鄛之岁"是楚王将战略重心自长城一带转移到中原地区的转折点，葛简的纪年事件"王自肥还鄛，徙于鄝鄛"是这一战略转移的标志。悼王二年（前400年）晋楚长城战事结束，悼王三年（前399年）楚王自长城肥邑返回鄛都，悼王四年（前398年）就是墓主卒年"鄝鄛之岁"。

证诸典籍，《楚世家》载悼王"四年，楚伐周"，可与简文"王自肥还鄛、徙于鄝鄛"的纪年事件前后印证。此前一年，悼王三年，楚将榆关归还郑国，以与三晋息兵，意在图周。而楚王"徙于鄝鄛"则是"伐周"的前奏，故"鄝鄛"必在西去洛阳成周不远的地方，据记载"故鄝城"就在今洛阳东邻的偃师与巩县之间（详见下文）。

"王自肥还鄝鄛"说明楚王在去肥城之前先到过"鄝鄛"，此次伐周是返回"鄝鄛"，则此地较早以前即已被楚辟为军事据点，简文"□公城鄝之岁（甲三

30)"中的"城郚"事件应发生在楚悼王以前。《六国年表》载楚悼王四年"败郑师"，盖因此年，郑杀其相子阳，楚师驻在周、郑之间，乘机攻郑以彰显武力。悼王四年（前398年）"楚伐周""败郑师"的历史记载，与葛简历朔推断的"鄢郢之岁"（前398年）完全相合，应该不是偶然，因为其纪年事件——楚王自肥邑迁居靠近周都洛阳的"鄢郢"，就是"楚伐周"的前奏。

至此，楚悼王即位之后的前四年，都在葛陵楚简中找到了相应的纪事年（表4）。悼王四年（前398年）为墓主卒年，是墓葬的年代下限，因此可以定性地说，葛陵楚简的其他五个纪事年都在楚悼王即位之前。

表4　葛陵楚简悼王纪年表

以 事 纪 年			相 关 记 载	
纪事岁	楚王年	公元前	葛简"纪年事件"	《楚世家》《六国年表》
	声王六年	402	我王于林丘	盗杀声王
我王之岁	悼王元年	401	齐客陈异致福于王	
陈异之岁	悼王二年	400	莫嚣易为晋师狩于长城	三晋来伐楚，至乘丘
长城之岁	悼王三年	399	王自肥还郢徙于鄢郢	归榆关于郑
鄢郢之岁	悼王四年	398		楚伐周，败郑师

九、古地名的证据

葛陵楚简记载的许多地名，可与其事类相联系，形成很强的证据链，证明出土简册和传世典籍记载相合。试举证如次：

1. 鄩与洛阳

关于"鄩郢"的地望，何琳仪认为在卫国的"鄩邑"（今河南清丰县南）[1]，罗运环认为在汉"寻阳县"（今湖北黄梅县西南）[2]，黄锡全认为在沙市秦简记述的"寻平"（今湖北潜江县龙湾）[3]。这些考据都建立在"鄩郢"为楚腹地的设想之上，上文指出"鄩郢"与"狩于长城"及"楚伐周"战事有关，把它解释为边地或靠近前线战场的楚王驻跸之所更为合理。

因"鄩郢"与"楚伐周"相关，故此"鄩"应为周邑。

---

[1] 何琳仪：《新蔡竹简选释》，《安徽大学学报》（哲学社会科学版）2004 年第 3 期。

[2] 罗运环：《葛陵楚简鄩郢考》，《古文字研究》第 27 辑，中华书局，2008 年。

[3] 黄锡全：《楚都"鄩郢"新探》，《江汉考古》2009 年第 2 期。

《说文》："鄩,周邑也,从邑,寻声。"周之鄩邑与"斟鄩"有关,《史记·夏本纪》载有"斟寻氏",《索隐》"《系本》寻作鄩"。文献记载"斟鄩"主要有山东和河南两说。山东说最早由东汉应劭提出:《汉书·地理志》"北海郡·平寿"下自注"应劭曰:故斟鄩,禹后,今斟城是也"。《〈夏本纪〉索隐》引张敖《地理记》云:"济南平寿县(今潍坊西南),其地即古斟寻国。"《〈夏本纪〉正义》引《括地志》云:"斟寻故城,今青州北海县(今安丘东北)是也。"又铜器铭文《齐侯镈》《寻仲盘》有"鄩"的记载,说明山东确有"鄩"地[1],然其地在长城以北的齐国境内,当时楚国势力并未到达此"鄩"邑。

河南说由晋代薛瓒提出,针对《汉志》注引应劭的鄩邑山东说,薛瓒《汉书集注》根据新出《竹书纪年》反驳曰:"斟鄩在河南,不在此也。《汲郡古文》云:'太康居斟鄩,羿亦居之,桀亦居之。'《尚书序》云:'太康失邦,昆弟五人须于洛汭。'此即太康所居为近洛也。又吴起对魏武侯曰:'昔夏桀之居,左河济,右太华,伊阙在其南,羊肠在其北。'河南城为值之。又

---

[1] 何琳仪:《新蔡竹简选释》,《安徽大学学报》(哲学社会科学版)2004年第3期。

《周书·度邑篇》曰：'武王问太公曰：吾将因有夏之居，南望过于三涂，北瞻望于有河。'有夏之居即河南是也。"《后汉书·郡国志》："洛阳，周时号成周；……河南，周公时所城洛邑也，春秋时谓之王城。……巩，有寻谷水。"《郡国志》及薛瓒注引的"河南"指汉"河南县"治洛阳王城。《水经注·巨洋水》郦道元谓："余考瓒所据，今河南有寻地，卫国有观土……斟寻非一居矣……应氏之据亦可按矣。"《水经注·洛水》引京相璠曰："今巩洛渡北有鄩谷水，东入洛，谓之下鄩，故有上鄩、下鄩之名，亦谓之北鄩，于是有南鄩、北鄩之称矣。又有鄩城，盖周大夫鄩肸之旧邑。"《左传·昭公二十三年》"郊、鄩溃"，杜预注："河南巩县西南有地名鄩中。"《〈夏本纪〉正义》引《括地志》"故鄩城在洛州巩县西南五十里"，地在今洛阳东邻的偃师与巩县之间。

《史记·六国年表》载悼王三年（前399年）楚"归榆关于郑"。《〈楚世家〉索隐》："此榆关当在大梁之西也。"《战国策·魏策四》有"郑恃魏以轻韩，伐榆关而韩氏亡郑"之语，知榆关是魏都大梁（今开封）以西的军事重镇，楚人此举显然是与魏修好，从而使楚王能顺利地自肥经魏返回鄩郢。

历史上楚庄王窥周室，从南向北由汝阳入伊川，"伐陆浑戎，遂至洛，观兵于周郊"（《楚世家》《左·宣三》）。此次悼王"自肥还郢"，楚师非经伊川，而是自东向西而"伐周"，巩洛之"鄩"处在洛阳东出郑韩的咽喉地带，是楚伐周的必经之地，应是葛简"鄩郢"所在。

2. 肥与句邡

葛陵楚简有一次大规模筑城的记载：

句邡公郑途敎大城郵竝之岁 （乙一14、32、23、1）

大城郵竝之岁 （甲三8、18）

城郵竝之岁 （乙四21）

以下简称"郵竝之岁"。原报告释筑城者为"句邡公"，中间一字何琳仪先生认为是从"邑"、从"盂"省的形声字，可直接隶定为"邘"[1]，甚确。"句邘"文献作"句窳"，山东肥城有"句窳亭"。《集韵》"窳，同窊"。《说文》"窊，汙衺下也。从穴瓜声，乌瓜切"。《广雅·释诂》"窊，下也"。《唐韵》《集韵》"窊，乌瓜切，音窪"。唐道州刺史元结有《窊樽诗》和《窊樽铭》，亦作《窳尊铭》刻石于道州右湖。《礼记·礼运》"汙尊而抔饮"，郑玄注"汙尊，凿地为尊也；抔饮，手掬之也"。《后汉纪》卷13作"汙樽抔饮"。是"汙樽"即"窳尊""窊樽"。"窊""汙"古音都在影纽鱼部；"窳"为喻纽三等（所谓"于母"）字，在鱼部；"邘"古音匣纽鱼部。喻三归匣，影匣旁纽，又同在鱼部，俱为叠韵，故窳、窊、汙、邘可通。

《后汉书·章帝纪》"凤皇集肥城"，李贤注："肥城，县名，属太山郡，故城在今济州平阴县东南。《东观汉记》曰'凤皇见肥城句窳亭槐树上'。"《册府元龟》卷22、《玉海》卷200等并引《东观汉记》此条（《玉海》本"树"作"木"）。《水经注·洛水》："汶水又西

---

[1] 何琳仪：《新蔡竹简地名偶识——兼释次竝戈》，《中国历史文物》2003年第6期；又见黄德宽、何琳仪、徐在国：《新出楚简文字考》，安徽大学出版社，2007年。

南，有泌水注之，水出肥成县东北原，西南流迳肥成县故城南。乐正子春谓其弟子曰：子适齐过肥，肥有君子焉。左迳句窳亭北，章帝元和二年，凤凰集肥城句窳亭，复其租而迳泰山，即是亭也。"《读史方舆纪要》卷31"济南府·肥城县"条下"句窳亭，在县南。《东观汉记》：'汉章帝元年，凤集肥城句窳亭'。今县南四十里有凤凰山，即其地也"。

肥城是由鲁入齐的必经之道，齐长城南侧的军事重镇。晋楚长城之战楚悼王驻在肥城，"句邘"距肥城不远。按《读史方舆纪要》载"古长城"在肥城县北五十里，"句窳亭"在县南四十里，则"句邘"城本身与"肥""长城"等构成一条南北防线。

3. 乘丘、桑丘与邮竝

"长城—肥—句邘"防线的向南延伸，就到达泗上重镇"乘丘—邮竝"。"乘丘"文献中又作"桑丘"，是中原通向泗上地区的门户，兵家必争之地。至少有三件发生在"乘丘"的历史事件，同时又被记载在"桑丘"。一是《史记·楚世家》载"悼王二年（前400年），三晋来伐楚，至乘丘而还"。《资治通鉴》（卷1）载此事作"魏韩赵伐楚，至桑丘"。

二是《史记·赵世家》载（肃侯）"二十三年（前327年），韩举与齐、魏战，死于桑丘"。《水经注》卷25"洸水又西南，迳泰山郡乘丘县故城东。赵肃侯二十年，韩将举与齐、魏战于乘丘，即此县也。"

三是《〈史记·赵世家〉集解》引"〈地理志〉云：泰山有桑丘县。"今本《汉书·地理志》泰山郡属县作"乘丘"。"乘丘"和"桑丘"必有一错，盖因形近而误。或认为《集解》作者裴骃所见古本《汉志》作"桑丘"，今本误为"乘丘"，杨守敬《水经注疏》辨此事甚详。

关于"乘丘"或"桑丘"的具体位置，《〈楚世家〉正义》引"《括地志》云'乘丘故城在兖州瑕丘县西北三十五里'是也"。"瑕丘县"后因避孔子讳去"丘"字称"瑕县"，又因地处嵫山之阳，金代改称为"嵫阳县"。杨守敬《水经注疏》谓："（乘丘）汉县，属泰山郡，后汉废，在今滋阳县西南三十五里。"故"乘丘"应在今兖州市嵫山以西不远处。

嵫山就是简文"邿竝"。《尔雅·释诂》"兹，此也"。邿、嵫皆为形声字，"兹""此"音义可通。嵫山位于今兖州市城西15公里处，历史上有东、西两峰，由于清代以来开采石灰岩，现东峰已荡然无存，唯西峰尚在。因原本为两峰并立，故称"嶓竝"。嶓山是兖州唯一的小山，也是兖州西部的屏障，舍此则东进兖州、曲阜无险可守。楚国要巩固泗上占领地区，不可能不在此地设防。"大城邮竝"说明不是一般规模的筑城，或者不是首次在此建城。"邮竝"西去不远就是"乘丘"，故"乘丘"是"邮竝"的前哨阵地。悼王二年（前400年）三晋伐楚"至乘丘而还"，显示了"大城邮竝"的战略意义：晋师进至"乘丘"，虽与"邮竝"近在咫尺，但因有强大的"邮竝"城作为坚固后方，"乘丘"未能为三晋联军攻破，他们只好无功而返。因此"大城邮竝"应在三晋"伐楚至乘丘"以前。

楚声王为盗所杀，悼王迅即停止西进，楚人从林（廩）丘东撤，而楚王坐镇肥邑，防守于"长城—肥—句邔—邮竝—桑丘"一线，这是悼王即位后采取的首要军事策略，从而使楚国在不利情势下保住了汶泗占领区。东部危机一旦解除，与三晋关系有所缓和，悼王即"自肥还郢"，去打周朝的主意了。

十、结语

总结上文所考，可以确定葛陵楚简的四个纪年——"我王之岁""陈异之岁""长城之岁""鄢郢之岁"分别为前401、400、399、398年，分布在楚悼王执政的前四年（表4）。其中四个"纪年事件"可与文献记载相参证，而其下限"鄢郢之岁"可由简文历朔以及先王名号依颛顼历谱唯一推定为公元前398年。

（原载《楚文化研究论集》第10集，湖北美术出版社，2011年，第134—151页）

参考文献

专著

［1］〔日〕岛邦男:《殷墟卜辞综类》，汲古书院，1967 年。

［2］〔日〕岛邦男著，濮茅左、顾伟良译:《殷墟卜辞研究》，上海古籍出版社，2006 年。

［3］〔日〕安居香山、中村璋八:《纬书集成》(中册)，河北人民出版社，1994 年。

［4］〔汉〕班固:《汉书》，中华书局，1962 年。

［5］〔清〕梁玉绳:《史记志疑》，中华书局，1981 年。

［6］杨伯峻:《春秋左传注》(修订本)，中华书局，1990 年。

［7］黄怀信:《鹖冠子汇校集注》，中华书局，2004 年。

［8］安徽省文物考古研究所编:《凌家滩玉器》，文物

出版社，2000 年。

［9］ 陈梦家:《殷墟卜辞综述》，科学出版社，1956 年。

［10］ 陈梦家:《西周铜器断代》（上册），中华书局，2004 年。

［11］ 陈美东:《古历新探》，辽宁教育出版社，1995 年。

［12］ 常玉芝:《殷商历法研究》，吉林文史出版社，1998 年。

［13］ 董作宾:《殷历谱》，《中央研究院历史语言研究所专刊》，1945 年。

［14］ 方述鑫:《殷墟卜辞断代研究》，文津出版社，1992 年。

［15］ 郭沫若:《两周金文辞大系图录考释上编》，科学出版社，1957 年。

［16］ 郭沫若主编:《甲骨文合集》第 3 册，中华书局，1978 年。

［17］ 郭沫若主编:《甲骨文合集》第 4 册，中华书局，1979 年。

［18］ 郭沫若:《郭沫若全集·考古编》第 1 卷，科学出版社，1982 年。

［19］ 河南省文物考古研究所:《新蔡葛陵楚墓》，大

象出版社，2003年。

［20］黄德宽、何琳仪、徐在国：《新出楚简文字考》，安徽大学出版社，2007年。

［21］黄天树：《殷墟王卜辞的分类与断代》，文津出版社，1991年。

［22］胡厚宣：《甲骨文合集》第7册，中华书局，1999年。

［23］李学勤、彭裕商：《殷墟甲骨分期研究》，上海古籍出版社，1996年。

［24］李学勤主编：《清华大学藏战国竹简（壹）》，中西书局，2010年。

［25］李孝定：《甲骨文字集释》，中央研究院历史语言研究所，1965年。

［26］刘心源：《奇觚室吉金文述》卷4，上海古籍出版社，1995年影印本。

［27］彭裕商：《殷墟甲骨断代》，中国社会科学出版社，1994年。

［28］曲英杰：《先秦都城复原研究》，黑龙江人民出版社，1991年。

［29］饶宗颐：《殷代贞卜人物通考》，香港大学出版

社，1959 年。

［30］ 饶尚宽:《春秋战国秦汉朔闰表》，商务印书馆，
2006 年。

［31］ 宋镇豪、段志洪主编:《中国古文字大系——甲
骨文献集成》卷 32《天文历法》，四川大学出
版社，2001 年。

［32］ 孙诒让:《古籀余论·大丰敦》卷中，中华书局，
1989 年。

［33］ 孙作云:《诗经与周代社会研究》，中华书局，
1966 年。

［34］ 唐兰:《西周青铜器铭文分代史征》，中华书局，
1986 年。

［35］ 温少峰、袁庭栋:《殷墟卜辞研究——科学技术
篇》，四川省社会科学院出版社，1983 年。

［36］ 吴大澂:《愙斋集古录释文剩稿》（下册），台联
国风出版社，1982 年影印本。

［37］ 武家璧:《观象授时——楚国的天文历法》，湖
北教育出版社，2001 年。

［38］ 夏商周断代工程专家组:《夏商周断代工程
1996—2000 年阶段成果报告》（简本），世界图

书出版公司，2000年。

［39］ 许进雄:《甲骨上钻凿形态的研究》，台湾艺文印书馆，1979年。

［40］ 许倬云:《西周史》(增订本)，生活·读书·新知三联书店，1994年。

［41］ 姚孝遂主编:《殷墟甲骨刻辞类纂》，中华书局，1989年。

［42］ 姚孝遂、肖丁:《小屯南地甲骨考释》，中华书局，1985年。

［43］ 杨树达:《积微居金文说》(增订本)，中华书局，1997年。

［44］ 杨宽:《西周史》，上海人民出版社，2003年。

［45］ 张培瑜:《中国先秦史历表》，齐鲁书社，1987年。

［46］ 张培瑜:《三千五百年历日天象》，大象出版社，1997年。

［47］ 中国天文学史整理研究小组编著:《中国天文学史》，科学出版社，1981年。

［48］ 中国社会科学院考古研究所:《殷墟花园庄东地甲骨》(一)，云南人民出版社，2003年。

［49］ 中国社会科学院考古研究所:《殷墟花园庄东地

甲骨》（六），云南人民出版社，2003 年。

[50] 中国社会科学院考古研究所：《中国古代天文文物论集》，文物出版社，1989 年。

论文

[1] 〔日〕贝冢茂树、伊藤道治：《甲骨文研究的再检讨——以董氏的文武丁时代之卜辞为中心》，《东方学报》第 23 册，1953 年；收入《殷代青铜文化的研究》，京都大学人文科学研究所，1953 年。

[2] 安徽省文物考古研究所：《安徽含山凌家滩新石器时代墓地发掘简报》，《文物》1989 年第 4 期。

[3] 陈梦家：《西周铜器断代（一）》，《考古学报》1955 年第 1 期。

[4] 常正光：《殷历考辨》，《古文字研究》第 6 辑，中华书局，1981 年。

[5] 常玉芝：《卜辞日至说疑议》，《中国史研究》1994 年第 4 期。

[6] 蔡运章：《周初金文与武王定都洛邑——兼论武王伐纣的往返日程问题》，《中原文物》1987 年第 3 期。

［7］ 董作宾:《甲骨文断代研究例》,《庆祝蔡元培先生六十五岁论文集》(上册),《中央研究院历史语言研究所集刊》(外编第一种),1933 年。

［8］ 董作宾:《"耤三百有六旬有六日"新考》,《中国文化研究所集刊》1941 年第 1 集。

［9］ 董作宾:《殷墟文字乙编序》,《中国考古学报》第 4 册,1949 年。

［10］ 董珊:《试论周公庙龟甲卜辞及相关问题》,《古代文明》第 5 卷,文物出版社,2006 年。

［11］ 冯时:《中国古文字学研究五十年》,《考古》1999 年第 9 期。

［12］ 冯时:《陕西岐山周公庙出土甲骨文的研究》,《古代文明》第 5 卷,文物出版社,2006 年。

［13］ 葛英会:《谈岐山周公庙甲骨》,《古代文明》第 5 卷,文物出版社,2006 年。

［14］ 郭沫若:《骉苟钟铭考释》,《金文丛考》,人民出版社,1954 年。

［15］ 郭沫若:《大丰簋韵读》,《殷周青铜器铭文研究》,科学出版社,1961 年。

［16］ 胡厚宣:《甲骨文四方风名考证》,《甲骨学商史

论丛初集》上册,齐鲁大学国学研究所,1944年。

[17] 胡厚宣:《释殷代求年于四方和四方风的祭祀》,《复旦学报》(人文科学版)1956年第1期。

[18] 胡厚宣:《甲骨文四方风名考证》,《甲骨学商史论丛初集》,河北教育出版社,2002年。

[19] 黄盛璋:《大丰殷铭制作的时代、地点与史实》,《历史研究》1960年第6期。

[20] 黄锡全:《楚都"鄢郢"新探》,《江汉考古》2009年第2期。

[21] 何琳仪:《新蔡竹简地名偶识——兼释次竝戈》,《中国历史文物》2003年第6期。

[22] 何琳仪:《新蔡竹简选释》,《安徽大学学报》(哲学社会科学版)2004年第3期。

[23] 江晓原等:《山西襄汾陶寺城址天文观测遗迹功能讨论》,《考古》2006年第11期。

[24] 金祥恒:《论贞人扶的分期问题》,《董作宾先生逝世十四周年纪念刊》,台湾艺文印书馆,1978年。

[25] 李学勤:《帝乙时代的非王卜辞》,《考古学报》1958年第1期。

［26］ 李学勤：《小屯丙组基址与扶卜辞》，《甲骨探史录》，生活・读书・新知三联书店，1982年。

［27］ 李学勤：《论葛陵楚简的年代》，《文物》2004年第7期。

［28］ 李学勤：《周公庙遗址祝家巷卜甲试释》，《古代文明》第5卷，文物出版社，2006年。

［29］ 李学勤：《"天亡簋"试释及有关推测》，《中国史研究》2009年第4期。

［30］ 李学勤：《清华简〈楚居〉与楚徙鄀郢》，《江汉考古》2011年第2期。

［31］ 李零：《读周原新获甲骨》，《古代文明》第5卷，文物出版社，2006年。

［32］ 林沄：《从子卜辞试论商代家族形态》，《古文字研究》第1辑，中华书局，1979年；收入《林沄学术文集》，中国大百科全书出版社，1998年。

［33］ 林沄：《天亡簋"王祀于天室"新解》，《史学集刊》1993年第3期；收入《林沄学术文集》，中国大百科全书出版社，1998年。

［34］ 刘克甫：《关于自组大字类卜辞年代问题的探讨》，《考古》2001年第8期。

［35］ 刘彬徽:《从包山楚简纪时材料论及楚国纪年与楚历》,《包山楚墓》,文物出版社，1991 年。

［36］ 刘彬徽:《新蔡葛陵楚简的年代》,《新出楚简国际学术研讨会论文集》(武汉 2006 年)。

［37］ 刘彬徽:《葛陵楚墓的年代及相关问题的讨论》,《楚文化研究论集》第 7 集,岳麓书社,2007 年。

［38］ 刘晓东:《天亡簋与武王东土度邑》,《考古与文物》1987 年第 1 期。

［39］ 刘信芳:《战国楚历谱复原研究》,《考古》1997 年第 11 期。

［40］ 刘信芳:《新蔡葛陵楚墓的年代以及相关问题》,《长江大学学报》(社会科学版)2004 年第 1 期。

［41］ 刘一曼、郭振禄、温明荣:《考古发掘与卜辞断代》,《考古》1986 年第 6 期。

［42］ 刘一曼、郭鹏:《1991 年安阳花园庄东地、南地发掘简报》,《考古》1993 年第 6 期。

［43］ 刘一曼、曹定云:《殷墟花园庄东地甲骨卜辞选释与初步研究》,《考古学报》1999 年第 3 期。

［44］ 卢岩、葛英会:《关于殷墟卜辞的肜祭》,《故宫博物院院刊》2000 年第 2 期。

［45］ 罗琨:《卜辞"至"日缕析》,《胡厚宣先生纪念文集》,科学出版社，1998年。

［46］ 罗琨:《"五百四旬七日"试析》,《夏商周文明研究》,中国文联出版社，1999年。

［47］ 罗振玉:《殷墟书契前编》三·二八·五片,《甲骨文研究资料汇编》第2册,北京图书馆出版社，2008年。

［48］ 罗运环:《葛陵楚简鄝郢考》,《古文字研究》第27辑,中华书局，2008年。

［49］ 屈万里:《殷墟文字甲编考释》自序,台湾联经出版社，1984年。

［50］ 饶宗颐:《殷代日至考》,《大陆杂志》1952年第5卷第3期。

［51］ 饶宗颐:《殷卜辞所见星象与参商、龙虎、二十八宿诸问题》,《胡厚宣先生纪念文集》,科学出版社，1998年。

［52］ 孙常叙:《〈天亡殷〉问字疑年》,《吉林师大学报》1963年第1期。

［53］ 孙作云:《说天亡簋为武王灭商以前的铜器》,《文物参考资料》1958年第1期。

［54］ 孙作云:《再论"天亡簋"二三事》,《文物》1960 年第 5 期。

［55］ 孙稚雏:《天亡簋铭文汇释》,《古文字研究》第3 辑,中华书局,1980 年。

［56］ 石璋如:《扶片的考古学分析》(上、下),《历史语言研究所集刊》1985 年 9 月第 56 本第 3 分。

［57］ 石泉:《楚都何时迁郢》,《古代荆楚地理新探》,武汉大学出版社,1988 年。

［58］ 宋华强:《新蔡葛陵楚简初探》,武汉大学出版社,2010 年。

［59］ 唐兰:《朕簋》,《文物参考资料》1958 年第 9 期。

［60］ 武家璧:《"懿王元年天再旦"与金文历朔互证》,《远望集——陕西省考古研究所华诞四十周年纪念文集》(上),陕西人民美术出版社,1998 年。

［61］ 武家璧、何弩:《陶寺大型建筑Ⅱ FJT1 的天文年代初探》,《中国社会科学院古代文明研究中心通讯》2004 年第 8 期。

［62］ 武家璧:《花园庄东地甲骨文中的冬至日出观象记录》,《古代文明研究通讯》2005 年第 25 期。

［63］ 武家璧:《从卜辞"观籍"看殷历的建正问题》,

《华学》第 8 辑，紫禁城出版社，2006 年。

［64］ 武家璧：《周公庙对贞卜辞考释》，《古代文明研究通讯》2006 年第 29 期。

［65］ 武家璧：《含山玉版上的天文准线》，《东南文化》2006 年第 2 期。

［66］ 武家璧、陈美东、刘次沅：《陶寺观象台遗址的天文功能与年代》，《中国科学 G 辑：物理学》2008 年第 9 期。

［67］ 武家璧、朔知：《试论霍山戴家院西周圜丘遗迹》，《东南文化》2008 年第 3 期。

［68］ 武家璧：《随州孔家坡汉简〈历日〉及其年代》，《江汉考古》2009 年第 1 期。

［69］ 武家璧：《葛陵楚简"我王之岁"的年代》，《中国文物报》2009 年 6 月 5 日。

［70］ 武家璧：《史前太阳鸟纹与迎日活动》，《文物研究》第 16 辑，黄山书社，2009 年。

［71］ 武家璧：《曾侯乙墓漆书"日辰于维"天象考》，《江汉考古》2010 年第 3 期。

［72］ 武家璧：《论秦简"日夕分"为地平方位数据》，《文物研究》第 17 辑，科学出版社，2010 年。

［73］ 武家璧:《周初"宅兹中国"考》,北京大学考古
文博学院、北京大学中国考古学研究中心编:
《考古学研究(八)——邹衡先生逝世五周年纪
念论文集》,科学出版社,2011 年。

［74］ 武家璧:《葛陵楚简的历朔断年与纪年事件》,
《楚文化研究论集》第 10 集,湖北美术出版社,
2011 年。

［75］ 武家璧:《楚帛书〈时日〉篇中的天文学问题》,
《考古学研究(九)——庆祝严文明先生八十寿
辰论文集》(下),文物出版社,2012 年。

［76］ 王宇信:《甲骨学研究一百年》,《殷都学刊》
1999 年第 2 期。

［77］ 王晖:《殷历岁首新论》,《陕西师大学报》1994
年第 2 期。

［78］ 王晖:《论周代天神性质与山岳崇拜》,《北京师
范大学学报》1999 年第 1 期。

［79］ 王红星:《楚郢都探索的新线索》,《江汉考古》
2011 年第 3 期。

［80］ 严一萍:《商周甲骨文总集》序,台湾艺文印书
馆,1983 年。

［81］严敦杰:《释四分历》,《中国古代天文文物论集》, 文物出版社, 1989 年。

［82］晏昌贵:《"新出楚简国际学术研讨会"综述》,《中国史研究动态》2007 年第 3 期。

［83］杨天宇:《关于周代郊天的地点、时间与用牲——与张鹤泉同志商榷》,《史学月刊》1991 年第 5 期。

［84］杨宝成:《试论殷墟文化的年代分期》,《考古》2000 年第 4 期。

［85］杨向奎:《论"以社以方"》,《烟台大学学报》(哲学社会科学版) 1990 年第 1 期。

［86］姚孝遂:《吉林大学所藏甲骨选释》,《吉林大学社会科学学报》1963 年第 4 期。

［87］叶正渤:《〈逸周书·度邑〉"依天室"解》,《古籍整理研究学刊》2000 年第 4 期。

［88］萧良琼:《卜辞中的"立中"与商代的圭表测影》,《科学史文集》第 10 辑, 上海科学技术出版社, 1983 年。

［89］肖楠:《安阳小屯南地发现的"𠂤组卜甲"——兼论"𠂤组卜辞"的时代及其相关问题》,《考古》

1976 年第 4 期。

［90］　殷涤非:《试论"大丰殷"的年代》,《文物》
1960 年第 5 期。

［91］　于省吾:《关于"天亡簋"铭文的几点论证》,《考
古》1960 年第 8 期。

［92］　张培瑜:《武丁、殷商的可能年代》,《考古与文
物》1999 年第 4 期。

［93］　张培瑜、孟世凯:《商代历法的月名、季节和岁
首》,《先秦史研究》,云南民族出版社,1987 年。

［94］　张鹤泉:《周代郊天之祭初探》,《史学集刊》
1990 年第 1 期。

［95］　张玉金:《说卜辞中的"至日""即日""戠日"》,
《古汉语研究》1991 年第 4 期;又见《考古与文
物》1992 年第 4 期。

［96］　张政烺:《卜辞裒田及其相关诸问题》,《考古学
报》1973 年第 1 期。

［97］　赵光贤:《武王克商与西周诸王年代考》,《北京
图书馆馆刊》1992 年第 1 期。

［98］　郑振香、陈志达:《论妇好墓对殷墟文化和卜辞
断代的意义》,《考古》1981 年第 6 期。

［99］ 郑慧生：《"殷正建未"说》,《史学月刊》1984
年第 1 期。

［100］ 周原考古队：《2003 年陕西岐山周公庙遗址调
查报告》,《古代文明》第 5 卷，文物出版社，
2006 年。

［101］ 邹衡：《试论殷墟文化分期》,《北京大学学报》
（哲学社会科学版）1964 年第 4、5 期。

［102］ 朱凤瀚：《近百年来的殷墟甲骨文研究》,《历
史研究》1997 年第 1 期。

［103］ 朱溢：《从郊丘之争到天地分合之争——唐至
北宋时期郊祀主神位的变化》,《汉学研究》
2009 年第 2 期。

［104］ 中国社会科学院考古研究所山西工作队、山
西省考古研究所、临汾市文物局：《山西襄汾
县陶寺城址发现陶寺文化大型建筑基址》,《考
古》2004 年第 2 期。

［105］ 中国社会科学院考古研究所山西工作队、山
西省考古研究所、临汾市文物局：《山西襄汾
县陶寺城址祭祀区大型建筑基址 2003 年发掘
简报》,《考古》2004 年第 7 期。